艺术设计类专业"十三五"实践创新系列规划教材

包装设计

主　编　秦　杨（武昌职业学院艺术传媒学院）
　　　　黄　俊（武昌理工学院艺术设计学院）
　　　　金保华（武昌职业学院艺术传媒学院）

西安交通大学出版社
XI'AN JIAOTONG UNIVERSITY PRESS

内 容 提 要

　　本书共分为六章，包括包装设计概论、包装设计程序、包装造型结构设计、包装装潢设计形式要素、系列化包装设计、包装设计的发展趋势。内容涵盖了包装设计系统的原理、设计和运用，并将目前最前沿的全新包装设计概念贯穿全书。尤其注重理论联系实际，在内容讲解上注重理论与实践的结合，每个知识点都配有丰富、详细的项目示范图例，使读者能够快速、直观地理解和掌握相关知识。每章知识点紧密相连，并引入国外优秀的项目设计实例来开发和拓展学生的思路，鼓励学生在学习教材知识的基础上进一步自主学习。

　　本书可作为大中专院校艺术类相关专业的教材，也可作为相关专业技术人员的学习参考用书。

前 言
Foreword

　　《包装设计》教材的编写，从理论与包装设计职业化角度入手，以市场作定位，就逻辑而展开。本书以企业、卖场、消费者、包装设计师等多方面因素相融会贯通的运作为基础，将适度包装与环保节能包装的理念贯穿包装设计的理论构架中。书中对"可持续发展的包装设计"观念的研究与推进，将当代包装中的人文精神与情怀介入商业市场系统的分析。都能紧密联系市场实践，以全新的视野结合精美的图例对包装设计的程序、构思、构图、文字设计、印刷工艺、回收再利用及国内外优秀包装设计进行了详细阐述。

　　对包装设计职业性的培训和发展是本书着重探索研究与阐述的内容。本书在内容题材的选取和组织上，结合了作者多年包装设计课程教学实践的经验和体会，在理论体系上吸取了国内同类著作与教材的精华和成功经验，比较好地构建了包装设计教材的内容体系和知识构架。同时，还收录一些近年来国内外优秀包装设计作品，具有较高的收藏和查阅价值。

　　全书共分为六章，包括包装设计概论、包装设计程序、包装造型结构设计、包装装潢设计形式要素、系列化包装设计、包装设计的发展趋势。内容涵盖了包装设计系统的原理、设计和运用，并将目前最前沿的全新包装设计概念贯穿全书。本书尤其注重理论联系实际，在内容讲解上注重理论与实践的结合，除纯概念和理论内容以外，大部分内容都可以通过项目实践完成教学与总结，每个知识点都配有丰富、详细的项目示范图例，使读者能够快速、直观地理解和掌握相关知识。每章知识点紧密相连，并引入国外优秀的项目设计实例来开发和拓展学生的思路，鼓励学生在学习教材知识的基础上进一步自主学习。

　　通过本书的学习，可以帮助学习者了解包装设计的基础理论知识，掌握学习包装设计职业性的核心技术及其运用范围，为包装设计整套技能的学习与开发打下坚实的基础。本书由武昌职业学院艺术传媒学院秦杨、武昌理工学院艺术设计学院黄俊、武昌职业学院艺术传媒学院金保华担任主编，在编写的过程中，参阅了大量的参考书目和文献资料，在此向参考资料的作者表示衷心的感谢。

　　由于作者水平有限，书中的疏漏和瑕疵在所难免，敬请各位读者批评指正。

编　者
2015 年 1 月

目 录
Contents

第一章 包装设计概论

包装随着商品的交换而出现，又随着商品经济的发展将包装的内涵从最初的保护商品、方便运输拓展到推销商品、塑造品牌及树立企业形象的范畴。当代的包装是品牌理念、产品特性、消费心理的综合反映，它引导了一种生活方式，一种文化价值的取向，也直接影响到消费者的购买欲望。从而，包装设计的重心已经由物质功能设计向审美功能设计转移。包装是建立产品与消费者亲和力的有力手段。经济全球化的今天，包装与商品已经融为一体。包装作为实现商品价值和使用价值的手段，在生产、流通、销售和消费领域中，发挥着极其重要的作用，是企业及设计界不得不关注的重要课题。包装的功能是保护商品、传达商品信息、方便使用、方便运输、促进销售、提高产品附加值。包装作为一门综合性学科，具有商品和艺术相结合的双重性。

第一节 包装设计的起源与发展

当人类社会出现商品交换以后，面向商品流通的包装出现了。在原始社会后期，由于剩余产品的出现，需要储存和交换，因而产生了原始的包装形态。早期的包装属于就地取材，即利用竹、木、草、麻、瓜果、兽皮等纯天然材料来包裹物品。葫芦、贝壳、果壳作为容器，稻草、麦杆与植物编织成绳子用来捆扎包装，竹子切割成筒、竹皮编成篮子用来盛放物品等。图 1-1 至 1-4 所示均是取自环保天然的材料充当着商品的包装。随着生产力的发展，自然材料的制成品包装也相继诞生，如陶瓷、瓷漆、漆器、纸、帛等。天然材质和自然再造材料的包装在人类历史上长期存在、发展，并一直成为小农经济社会的包装主流。在我国历史上最早的商品包装记载是在战国时期，《韩非子·外储》篇上记载了"买椟还珠"的故事，其中的"椟"就是一种装饰华丽的包装。在传世《清明上河图》、《货郎图》、《皇都积胜图》等的风俗画卷中丰富多彩、形态各异的包装也都得到了证实。

图 1-1

图 1-2

图 1－3 图 1－4

一、古代包装设计

包装的原始形态就是追求美感的容器。它具备了包装的一些基本功能：保护被保存物、方便使用和携带。距今 50 万年以前的旧石器时代，人类发明了人工取火的火种罐来保留火种，待用火时可引燃，方便使用，这就是最早的运用容器储存物品的手段。

（1）陶器。新石器时代晚期，我国的制陶技术就已经发展到很高的水平。陶器的出现因定居生活的需要，人类可以用它来储存食品和烧煮两大功能。在公元前 14 世纪酿酒业兴起，产生了青铜器。图 1－5 至图 1－7 为原始时期以陶为主要的包装器物。

图 1－5 图 1－6

图 1－7

（2）青铜器。我国在商代早期,青铜器就被普遍使用。青铜器造型丰富多样,有的青铜器器身与盖的造型一样,分开来便是两个盛器,但合起来就则是一个密闭的容器。青铜器作为容器出现可分为烹饪器、食器、水器、酒器等。图1-8至图1-9所示为早期以青铜器为主要的包装器物。

图1-8　　　　　　　　　　　　　　　　　图1-9

（3）漆器。漆器出现在陶器之后,在考古发现的河姆渡遗址中,有距今7000年左右的木胎漆碗与漆筒。漆器的发展到有用于锐利铁器阶段锯、削、刻,造型优美,颜色饱满,成为中国传统工艺品中的一枝奇葩。图1-10至图1-11所示均是制作精良的漆器。

图1-10　　　　　　　　　　　　　　　　图1-11

（4）瓷器。瓷器是中国文化的象征,科学意义上的瓷器始于东汉,此时瓷质日趋纯正,瓷胎细致,釉色光亮,釉和胎结合得日趋完美。今天的瓷器既是工艺品、日用品,也是一种传统风格的包装容器,常用于白酒、黄酒、酱制品等的包装。图1-12至图1-13所示的瓷器作为包装的承装物精美,且在现代也一直常被广泛使用。

图 1 - 12   图 1 - 13

在我国古代最初出现告知消费者店名的识别,主要是利用图形、实物、文字作为店铺的标识。例如,茶馆、酒店门口悬挂的"茶旗""酒旗",药铺门前的"膏药旗"等。中国历史博物馆所藏的我国现存最早的包装资料,是北宋山东济南刘家针铺的包装纸,四寸见方,雕刻铜板,上面横写"济南刘家功夫针铺",中间是一个白兔商标,从右边到左边分别书写"认门前白""兔儿为记",下方有"收买上等钢条,造功夫细针"等广告宣传文句,图形标记鲜明,文字简洁易记,图1-14是"济南刘家功夫针铺"的包装平面图。而欧洲的商业文明是围绕地中海沿岸展开的。海运的发达促使了商业活动的兴盛,如埃及的玻璃容器制造技术飘洋过海传到欧洲大陆。埃及第十八王朝的宫殿内储藏的酒器上就贴着标注有"上等葡萄酒""特级上等葡萄酒"以示区别,这可以说是酒贴等包装的最早起源。

图 1 - 14

二、近现代包装设计

到 19 世纪的后半叶,厂家包装的出现和普及,才真正出现现代意义上的商业包装。这时的西方深受工业革命的影响,机器的发明和能源的开发使人们开始要求产品质量的提高及其外观美感。此时,厂家对产品直接包装出售可以说是商业中的一场革命,它奏响了现代商业的序曲。在欧洲,1814 年发明尖口瓶;1837 年开始采用金属罐装食品;1841 年,美国肖像画家佩洛德用挤压法制造金属管装颜料;1892 年,"高露洁"将牙膏首次装入金属软管并很快被消费者接受而开始大量运用;1852 年,美国人发明了第一台纸袋机,并运用于包装,用纸盒代替包装纸和纸绳,在英国的罗宾逊公司就已经可以生产 300 多种不同类型的盒子;1856 年,英国人发明了瓦楞纸;1868 年,发明出印铁技术,色彩艳丽的颜色可以直接印制在铁皮上;1897 年,美国开始出现经过涂蜡处理的饼干纸板箱包装;1905 年,发明间接印刷方式的平版印刷机;1907 年,出现多种颜色的合成塑料;1910 年,英美开始生产铝箔;1912 年,瑞士化学家发明了玻璃纸;1929 年,喷雾器压力技术在挪威发明,应用于包装技术,并在市场上成功运用。图 1－15 至图 1－16 所示是国外的主要包装材料——马口铁皮盒。

图 1－15　　　　　　　　　　　　　　　　图 1－16

19 世纪的设计是遵从维多利亚时期的典型风格。除了药品包装外,大多商品的包装视觉是豪华绚丽、技法繁琐的,装饰性强烈,推崇自然主义,特别是花卉纹样、卷草纹样和动物纹样的大量使用。19 世纪末到 20 世纪 20 年代,受当时新工艺美术运动的影响,出现更洁净的艺术加工风格,强烈地配以鲜明色彩的几何图形,大大改进了之前包装过于讲究和过分装饰的风格。此时,英国出现了商标法来保障商品的可信性,厂家的品牌意识增强,包装贴上了商标,附上了质量保证和产品说明。20 世纪三四十年代,受到世界大战影响的商品包装常被限定为一个符号、颜色单调。包装的材料也受到严格限制,以往罐装出售的商品改用纸盒包装,软木塞代替了金属瓶盖,此时的包装又回到其根本的使用功能。20 世纪 50 年代战争结束后,商品经济进入了一个飞速发展的时期,欧洲成立了欧洲包装联盟。新包装材料如聚乙烯薄膜、塑料瓶、不干胶等大量地使用,因为当时自选商场大规模地出现,消费者自己识别商品的需要上升,包装视觉设计的重点转变到同质化商品的快速识别。货架上的竞争,要求设计必须强调品牌的主题、颜色和文字,必须突显商品的特性,从而吸引消费者的购买。国际主义设计风格成为顺应时代的主流趋势,它具有形式简单,反装饰性,强调功能性、系统性和理性化的特点,同时,其构图简单明快、高度功能化、主题醒目简洁。20 世纪 60 年代,是商品力的一轴时代。易拉罐和拉盖、拉环在美国出现,可口可乐开始大量运用这种包装方式,这促进了消费者对罐装啤酒和饮料的全面接受。20 世纪 70 年代,是商品力和销售力的二轴时代。条形码出现在包装上，加快了超市的收款速度，帮助了零售商对存货的有效控制。20 世纪 80—90 年代，社会进入了商品力、销售力、形象力的三轴时代，物质丰富充分，一次性用品增多，更多新型材料的快速研制并投入使用，使包装设计有了巨大的市场需求，企业的形象力在包装设计上得到注重，品牌意识进一步加强，系列化商品包装层出不穷。进入 21 世纪，消费者更多地追求具有个性化、倾注人文情怀、绿色环保的包装设计。"自然、原始、健康"的观念深入人心，"轻量化、体积小、理想化"的功能性强且实用的包装被消费市场所提倡的。

第二节　包装的定义

包装是为了保护商品，使商品便于运输，促进商品销售的综合行为，是从商品生产到销售实现价值的过程，是提高商品价值的一种手段。一提到包装，人们马上就会想到其保护商品的功能。其实，包装魔力的真正体现，是它的促销功能。如今，包装的保护功能在日益弱化，而促销功能却在逐渐加强，包装已经成为企业促销的一个重要工具。

关于包装的基本概念，各国都有各自规范的定义。我国《辞海》中解释包装为：包，包藏、包裹、收纳；装，装束、装载、装饰。中国《包装通用术语》对包装一词的解释是："为在流通过程中保护产品、方便储存、促进销售，按一定技术方法而采用的容器、材料及辅助物等的总体名称，也指为了达到上述目的在采用容器、材料和辅助物的过程中施加一定技术方法等的操作活动。"

美国《包装用语集》的对包装定义为：包装是产品为运出和销售所作的准备行为。

英国《包装用语》对包装的定义为：包装是为货物的运输和销售所作的艺术、科学和技术上的准备工作。

日本对包装的定义为：包装是使用适当的材料、容器、技术等，便于物品的运输，并保护物品的价值，保护物品的原有的形态之形式。

总之，包装是"为便于运输、储存和销售而对产品进行处理的艺术和技术的准备"，现代包装更加注重包装的科学性和技术性。

图 1-17 至图 1-20 是几款市面上的食品包装。

图 1-17

图 1-18

图 1 - 19　　　　　　　　　　　　　　　　图 1 - 20

第三节　包装设计的功能与分类

美国有人作过一项调查:进入商店买东西的顾客,有 60% 左右会改变初衷。比如,原来要买低档货,最终买了高档货;原来要买甲牌子,最终买了乙牌子。这种改变,很大程度上是包装造成的。但在消费者实地购买时,包装对其购买行为的影响最直接、最强烈。特别是在自选商场,包装的推销作用是可想而知的。包装使消费者了解某种商品,从而引发他们的购买欲望。包装无疑具有广告最基本的显露功能,这就使它有可能成为一种特殊的广告。设计良好的包装能够通过其显露功能,紧紧地抓住消费者的注意力,默默地影响消费者的购买行为。图 1 - 21 至图 1 - 23 所示是品牌商品的包装设计图。商品包装最原始、最基本的功能是保护商品,防止商品破损、渗漏、腐烂变质等。随着经济的发展,市场观念的变化,包装的这种保护功能本身也发生了变化,它通过带给消费者安全感而发挥促销作用,对于那些易破损、易渗漏和易霉变的商品尤其如此。

图 1 - 21　　　　　　　　　　　　　　　　图 1 - 22

图 1 - 23

一、包装设计的功能理念

(一)安全理念

 确保商品和消费者的安全是包装设计最根本的出发点。在商品包装设计时,应当根据商品的属性来考虑储藏、运输、展销、携带及使用等方面的安全保护措施,不同商品可能需要不同的包装材料。目前,可供选用的材料包括金属、玻璃、陶瓷、塑料、卡纸等。在选择包装材料时,既要保证材料的抗震、抗压、抗拉、抗挤、抗磨性能,还要注意商品的防晒、防潮、防腐、防漏、防燃问题,确保商品在任何情况下都完好无损。图 1 - 24 至图 1 - 26 所示为商品良好的包装起到的保护与装饰作用。

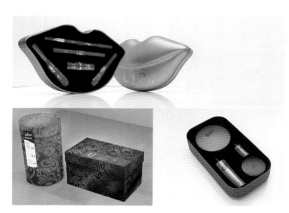

图 1 - 24

图 1 - 25

图 1 - 26

(二)促销理念

促进商品销售是包装设计最重要的功能理念之一。过去人们购买商品时主要依靠售货员的推销和介绍,而现在超市自选成为人们购买商品的最普遍途径。在消费者开架购物过程中,商品包装自然而然地充当着无声的广告或无声的推销员。如果商品包装设计能够吸引广大消费者的视线并充分激发其购买欲望,那么该包装设计就真正体现了促销理念。图 1 - 27 至图 1 - 30 所示为儿童商品包装设计图,其表面的装潢活泼充满童趣。

图 1 - 27

图 1 - 28

图 1 - 29

图 1 - 30

（三）生产理念

包装设计在确保造型优美的同时，必须考虑该设计能否实现精确、快速、批量生产，能否利于工人快速、准确地加工、成型、装物和封合。在商品包装设计时，应当根据商品的属性、使用价值和消费群体等选择适当的包装材料，力求形式与内容的统一，并充分考虑节约生产加工时间，以加快商品流通速度。

（四）人性化理念

优秀的包装设计必须适合商品的储藏、运输、展销以及消费者的携带与开启等。为此，在商品包装设计时，必须要使盒型结构的比例合理、结构严谨、造型精美，重点突出盒型的形态与材质美、对比与协调美、节奏与韵律美，力求达到盒型结构功能齐全、外型精美，从而适合生产、销售乃至使用。常见的商品包装结构主要有手提式、悬挂式、开放式、开窗式、封闭式或几种形式的组合等，如图 1 - 31 至图 1 - 34 所示。

图 1 - 31

图 1 - 32

图 1 - 33

图 1 - 34

（五）艺术理念

优秀的包装设计还应当具有完美的艺术性。包装是直接美化商品的一门艺术。包装精美、艺术欣赏价值高的商品更容易从大堆商品中跳跃出来，给人以美的享受，从而赢得消费者的青睐。图1-35至图1-39所示为品牌精装商品包装设计和系列化商品包装设计图。

图1-35

图1-36

图1-37

图1-38

图1-39

（六）环保理念

现代社会，环保意识已经成为世界大多数国家的共识。在生态环境保护潮流下，只有不污染环境、不损害人体健康的商品包装设计才可能成为消费者最终的选择。特别是在食品包装方面，更应当注重绿色包装。图1-40、图1-41所示为环保绿色材料的包装设计，同样美观且具有设计感。

图 1 - 40　　　　　　　　　　　　　　　　图 1 - 41

（七）视觉传达理念

　　视觉传达的本质特点在于简单明了，过多的修饰内容只会造成互相干扰，使包装主题难以突出，不仅影响视觉冲击力，而且还可能误导消费者的思维。根据视觉传达规律，在商品包装设计过程中，应当尽量除去无谓的视觉元素，注重强化视觉主题，从而找出最具有创造性和表现力的视觉传达方式。如图 1 - 42 至图 1 - 44 所示，整个创意表现更加注重包装装潢设计的效果。

图 1 - 42　　　　　　　　　　　　　　　　图 1 - 43

图 1 - 44

二、包装设计的分类

（一）按产品内容分类

按产品内容分类，包装设计可分为日用品类、食品类、烟酒类、化妆品类、医药类、文体类、化学品类、五金家电类、纺织类、儿童玩具类等。

（二）按包装材料分类

按包装材料分类，包装设计可分为玻璃包装、木质包装、塑料包装、金属包装、陶瓷包装、棉麻包装、编制包装、布包装等。

（三）按产品性质分类

设计按产品性质分类，包装可以分为销售包装和储运包装。

销售包装又称商业包装，可分为内销包装、外销包装、礼品包装、经济包装等。销售包装是直接面向消费者的，设计时要求有一个准确的定位，符合商品的诉求对象，方便实用且能体现商品性。图 1 - 45 至图 1 - 48 所示为商品的销售包装。

图 1 - 45　　　　　　　　　　　　　　图 1 - 46

图 1 - 47　　　　　　　　　　　　　　　　图 1 - 48

　　储运包装是以商品的储存或运输为目的的包装。它主要在厂家与分销商、商场之间流通，便于产品的搬运与计数。设计时要注明产品的数量、发货日期、时间和地点等。

（四）按包装的形状分类

　　按包装的形状分类，包装设计可以分为个包装、中包装、大包装。

　　个包装也称内包装和小包装，是指商品的个别包装，是将商品送到消费者手中的最小单位。它与内装物直接接触，因此，必须考虑到产品特性及选择适当的包装材料和盛装容器，防止不良因素的侵蚀，从而保护商品，提高产品的价值，以利销售。同时，由于很多商品往往是以个包装形式直接摆放在货架上，供消费者选购，因此，在包装设计中必须考虑到个包装在销售性方面的各种因素。图 1 - 49 至图 1 - 51 所示为商品的个包装。

图 1 - 49　　　　　　　　　　　　　　　　图 1 - 50

图 1 - 51

　　中包装是指商品的成组包装。它既处于个包装的外层，又处于外包装的内层，因此，中包装既要考虑到保护商品的功能，又要兼顾到视觉展示效果，还应通过纸盒或其他容器上的结构，做到便于携带和开启。图1-52、图1-53所示为商品的中包装。

图1-52

图1-53

　　大包装也称运输包装，是指商品的外部包装。它通常不与消费者直接见面，一般用箱、袋、罐、桶等容器，或通过捆扎，对商品外层的保护，并加上标记和记号，以便于运输、识别和储存。图1-54、图1-55所示为商品的运输包装。

图1-54

图1-55

第二章　包装设计程序

第一节　市场调研与分析

　　商品的包装体现着企业的文化，反映了企业的营销战略，那么，包装设计之前的市场调研工作是保证商品包装设计成功、适销对路的关键，也是开阔思路、深化构思必不可少的步骤。首先，要了解产品，包括产品的形态及物理化学特性；产品的成分；产品的功能效用；产品的档次级别；产品的容量价格等。其次，了解消费环节，包括消费对象的所有特点及消费需求的变化。最后，合理分析销售，包括产品的销售地区，产品的销售方式。在了解商家需求与需要的基础上，与客户进行深入彻底的沟通，同时，大量收集国内外同类产品的典型包装样式，以便于研究目前市场上的流行趋势。图 2-1、图 2-2 所示为不同商品档次、类型的包装设计。

图 2-1

图 2-2

　　进行市场调研的基本方法有以下三种：

　　（1）观察法。选择有代表性的不同类型的卖场，定时观察选定产品的销售情况，以及不同消费者对该产品包装的不同反映，同时要了解不同类型卖场商品陈列的方式、装饰色彩、环境氛围等。

　　（2）询问法。直接以询问的方式向销售人员了解情况，或直接询问选择该产品的消费者，多听取些意见和建议。询问之前要有一个相对完整、全面的询问计划方案，注意按相应的比例作问询，防止片面的认识影响后期的设计。

（3）实例调查法。制作出新产品的样品，小批量发售，或者在节假日做些赠送活动，以直接获得最详尽、贴切的反馈。

第二节　包装设计的定位策略

创意定位策略在包装设计的整个运作过程中占有重要的地位，能更好体现出包装设计的创造性。它是在已有的经验材料的基础上重新组合而成的，具有前瞻性、目的性、针对性等特点。设计定位主要是解决设计构思的方法，强调把准确的信息传递给消费者，给他们一种与众不同的、独特的印象。设计定位把所要传递的信息分为三个基本内容：谁卖的产品，卖什么产品，卖给谁。设计就从这三个方面进行定位，归纳起来，可以形成以下几种主要定位方式。

一、产品性能的差异化策略

产品性能的差异化策略，就是找出同类产品所不具有的特性作为创意设计的重点。对产品性能的研究是使品牌走向市场，面对消费者的前提。比如同类产品质量都相当，而且各自的表达方式又很相近，如何突出且强化产品与众不同的特性，使产品跃居同类销售业绩之上就成为设计时的重点。图 2-3、图 2-4 所示为针对儿童群体，不同风格的食品系列化包装设计。

图 2-3　　　　　　　　　　　　　　　　　图 2-4

二、产品销售的差异化策略

产品销售的差异化策略，主要是找出产品在销售对象、销售目标、销售方式等方面的差异性。如先要确定该产品主要针对哪些层次的消费群体，还要根据不同产品在不同时期、不同环境、不同季节的不同销售方式和目标。图 2-5 至图 2-7 所示为卖场的商品包装设计。

图 2 - 5   图 2 - 6

图 2 - 7

三、产品外形的差异化策略

　　产品外形的差异化策略,是产品在包装外观造型、包装结构设计等方面的差异性。有的包装利用仿古设计形态表达传统文化意蕴,有的包装以仿生造型为卖点吸引儿童及家长等。图2-8 至图 2-12 所示为各具风格的商业包装设计。

图 2-8

图 2-9

图 2-10

图 2-11

图 2 - 12

四、产品价格的差异化策略

产品价格的差异是影响产品销售的一个重要因素。不同消费阶层有不同的价格定位,每一个价位都有自己的消费群体。同一个厂家可以根据消费价格的不同,制定有针对性的系列产品包装,可以有高档、中档、低档的产品满足设计时的需要。图 2 - 13、图 2 - 14 所示为根据消费者需求的不同来设计不同的商品包装方式。

图 2 - 13

图 2 - 14

五、产品品牌形象策略

产品品牌形象策略中,主要强调以品牌的商标或企业的标志为主体,其次是强调包装的系列化,以突出品牌。用一种统一的形式、统一的色调、统一的形象来规范产品本身,这不仅是企业经营理念的延伸,也是商品传播上一致性的体现,还间接提升了产品的附加价值。图 2 - 15 至图 2 - 17 所示反映出不同品牌的商品包装设计风格。

图 2 - 15

图 2 - 16

图 2 - 17

第三节　包装设计的构思方法

构思是设计的灵魂。在设计创作中很难制定固定的构思方法和构思程序之类的公式。创作多是由不成熟到成熟的,在这一过程中,肯定一些或否定一些,修改一些或补充一些,是正常的现象。构思的核心在于考虑表现什么和如何表现两个问题。回答这两个问题即要解决以下四点:表现重点、表现角度、表现手法和表现形式。如同作战一样,重点是攻击目标,角度是突破口,手法是战术,形式则是武器,其中任何一个环节处理不好都会前功尽弃。

一、表现重点

重点是指表现内容的集中点。包装设计在有限画面内进行,这是空间上的局限性。同时,包装在销售中又是在短暂的时间内被购买者认识,这是时间上的局限性。这种时空限制要求包装设计不能盲目求全,面面俱到,什么都放上去等于什么都没有。重点的选择主要包括商标牌号、商品本身和消费对象三个方面,选择的基本点是有利于提高销售。一些具有著名商标或牌号的产品皆可以用商标牌号为表现重点;一些具有较突出的某种特色的产品或新产品的包装则可以用产品本身作为重点;一些对使用者针对性强的商品包装可以以消费者为表现重点。

其中以商品为重点的表现具有最大的表现余地,这一点后面另作探讨。总之,不论如何表现,都要以传达明确的内容和信息为重点。下面将确定重点的有关项目列出,以供参考。

(1)该产品的商标形象,牌号含义;

(2)该产品的功能效用,质地属性;

(3)该产品的产地背景,地方因素;

(4)该产品的销售地背景,消费对象;

(5)该产品与同类产品的区别;

(6)该产品同类产品包装设计的状况;

(7)该产品的其他有关特征;等等。

这些都是设计构思的媒介性资料。设计时要尽可能多地了解有关的资料,加以比较和选择,进而确定表现重点。因此要求设计者要对有关商品、市场进行深入的调研及丰富的生活、文化知识的积累。积累越多,构思的天地越广,路子也就越多,重点的选择亦越有基础。图2-18至图2-22所示为根据商标或牌号等作为包装设计表现的重点。

图 2-18

图 2-19

图 2-20

图 2-21

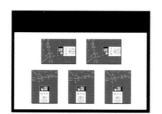

图 2-22

二、表现角度

表现角度是确定表现形式后的深化，即找到主攻目标后还要有具体确定的突破口。如以商标、牌号为表现重点，是表现形象，或是表现牌号所具有的某种含义。如果以商品本身为表现重点，是表现商品外在形象，还是表现商品的某种内在属性；是表现共同组成成分还是表现其功能效用。事物都有不同的认识角度，在表现上比较集中于一个角度，这将有益于表现的鲜明性。图 2-23 至图 2-26 所示为不同表现角度的商品包装设计。

图 2-23   图 2-24

图 2-25

图 2-26

三、表现手法

　　就像表现重点与表现角度好比目标与突破口一样,表现手法可以说是一个战术问题。表现的重点和角度主要是解决表现什么,这只是解决了一半的问题。好的表现手法和表现形式是设计的生机所在。不论如何表现,都是要表现内容,表现内容的某种特点。从广义看:任何事物都必须具有自身的特殊性,任何事物都必须与其他某些事物有一定的关联。这样,要表现一种事物,表现一个对象,就有两种基本手法:一种是直接表现该对象的一定特征,另一种是间接地借助与该对象相关的其他事物来表现事物。前者称为直接表现,后者称为间接表现或借助表现。图 2-27 至图 2-32 所示为不同表现手法的商品包装设计。

图 2-27

图 2-28

图 2 - 29

图 2 - 30

图 2 - 31

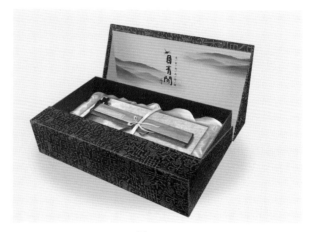

图 2 - 32

（一）直接表现

直接表现是指表现重点是内容物本身,包括表现其外观形态或用途、用法等。最常用的方法是运用摄影图片或开窗来表现。除了客观地直接表现外,还有以下一些运用辅助性方式的直接表现手法。

（1）衬托。衬托是辅助方式之一,可以使主体得到更充分的表现。衬托的形象可以是具象的,也可以是抽象的,处理中注意不要喧宾夺主。

（2）对比。对比是衬托的一种转化形式,又叫反衬,即是从反面衬托使主体在反衬对比中得到更强烈的表现。对比部分可以具象,也可以抽象。在直接表现中,也可以用改变主体形象的办法来使其主要特征更加突出,其中归纳与夸张是比较常用的手法。

（3）归纳。归纳是以简化求鲜明,而夸张是以变化求突出,二者的共同点都是对主体形象作一些改变。夸张不但有所取舍,而且还有所强调,使主体形象虽然不合理,但却合情。这种手法在我国民间剪纸、泥玩具、皮影戏造型和国外卡通艺术中都有许多生动的例子,这种表现手法富有浪漫情趣。包装画面的夸张一般要注意体现可爱、生动、有趣的特点,而不宜采用丑化的形式。

（4）特写。特写是大取大舍,以局部表现整体的处理手法,以使主体的特点得到更为集中的表现。设计中要注意关注事物局部的某些特性。

（二）间接表现

间接表现是比较内在的表现手法，即画面上不出现表现对象本身，而借助于其他有关事物来表现该对象。这种手法具有更加宽广的表现，在构思上往往用于表现内容物的某种属性或牌号、意念等。就产品来说，有的东西无法进行直接表现，如香水、酒、洗衣粉等。这就需要用间接表现法来处理。同时，许多以直接表现的产品，为了求得新颖、独特、多变的表现效果，也往往从间接表现上求新、求变。间接表现的手法有比喻、联想、象征和装饰，其具体如下：

（1）比喻。比喻是借它物比此物，是由此及彼的手法，所采用的比喻成分必须是大多数人所共同了解的具体事物、具体形象，这就要求设计者具有比较丰富的生活知识和文化修养。如图 2-33、图 2-34 中以比喻方式进行设计的商业包装。

图 2-33　　　　　　　　　　　　　　　　图 2-34

（2）联想。联想是借助于某种形象引导观者的认识向一定方向集中，由观者产生的联想来补充画面上所没有直接交代的东西。这也是一种由此及彼的表现方法。人们在观看一件设计作品时，并不只是简单地视觉接受，而总会产生一定的心理活动。一定心理活动的意识，取决于设计的表现，这是联想应用的心理基础。联想所借助的媒介形象比比喻形象更为灵活，它可以具象，也可以抽象。各种具体的、抽象的形象都可以引起人们一定的联想，人们可以从具象的鲜花想到幸福，由蝌蚪想到青蛙，由金字塔想到埃及，由落叶想到秋天，等等；又可以从抽象的木纹想到山河，由水平线想到天海之际，由绿色想到草原森林，由流水想到逝去的时光。窗上的冰花等都会使人产生种种联想。图 2-35 至图 2-37 所示为以联想方式进行设计的商业包装。

图 2 - 35

图 2 - 36

图 2 - 37

（3）象征。这是比喻与联想相结合的转化，在表现的含义上更为抽象，在表现的形式上更为凝练。在包装装潢设计中主要体现为在大多数人共同认识的基础上，用以表达牌号的某种含义和某种商品的抽象属性。象征与比喻和联想相比，更加理性、含蓄。如用长城与黄河象征中华民族，金字塔象征埃及古老与文明，枫叶象征加拿大，等等。作为象征的媒介在含义的表达上应当具有一种不能任意变动的永久性。在象征表现中，色彩的象征性的运用也很重要。图 2 - 38 至图 2 - 40 所示为以象征方式进行设计的商业包装。

图 2 - 38

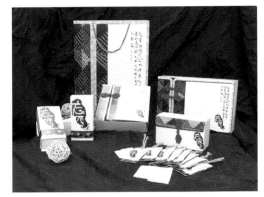

图 2 - 39

图 2 - 40

（4）装饰。在间接表现方面,一些礼品包装往往不直接采用比喻、联想或象征手法,而以装饰性的手法进行表现,这种"装饰性"应注意一定的向性,用这种性质来引导观者的感受。图2-41至图2-43是以装饰性为主进行设计的商业包装。

图 2-41

图 2-42

图 2-43

四、表现形式

表现形式与手法都是解决如何表现的问题,形式是外在的武器,是设计表达的具体语言,是设计的视觉传达。表现的形式应考虑以下一些方面:①主体图形与非主体图形如何设计;用照片还是绘画;具象还是抽象;写实还是写意;归纳还是夸张;是否采用一定的工艺形式;面积大小如何等。②色彩总的基调如何;各部分色块的色相、明度、纯度如何把握,不同色块相互关系如何,不同色彩面积变化如何等。③牌号与品名字体如何设计;字体的大小如何。④商标、主体文字与主体图形的位置编排如何处理;形、色、字各部分相互构成关系如何;以一种什么样的编排来进行构成。⑤是否要加以辅助性的装饰处理;在使用金、银和肌理、质地变化方面如何考虑等。这些都是要在形式考虑的全过程中加以具体推敲的。

第四节 包装设计与制版印刷

印刷是人类文明与信息传播过程中不可或缺的环节,与现代包装设计有着密切的联系,包装设计大都是通过印刷得以完成的。包装中色彩斑斓、图案丰富、肌理层次明显的视觉效果都是通过印刷工艺来实现的。随着电子数码技术确不断深入人们的生活,电子设备与印刷之间的交流也日益频繁。

一、印刷术的种类

(一) 凹凸版印刷

现代包装设计中的印刷工艺主要有平版和凸版两种形式,在实践设计中,有许多作品必须交替运用平版和凸版这两种印刷技术,才能达到的复制的最佳效果。根据包装设计稿样,把所需的凹凸图文部分制成凹凸印版,再加压印刷,从而产生凹凸效果。如图 2-44 至图 2-46 所示,将这种工艺运用于包装设计的品牌、商标、图案等主体部位,可以丰富包装平面上的层次性。

图 2-44   图 2-45

图 2-46

（二）平版印刷

平版印刷又称胶印，是基于水油互斥原理的工艺，是一种最常用的印刷方法。具体方法是把平版上的图像印到一个橡皮胶印滚筒上，再由滚筒把图像印到纸上。图2-47至图2-49所示为胶印工艺的商业包装设计。

图 2-47

图 2-48

图 2-49

（三）丝网印刷

丝网印刷是使用网目漏色方式的印刷方式，它的印幅面较为灵活，既可以印制大型户外广告，也可以印制名片。丝网印刷可以在纸张、棉布、丝绸、塑料、玻璃、木材、金属等各种材质的承印物上印刷，尤其在包装容器的瓶体上印刷，因此备受青睐。图2-50所示为丝网印刷工艺的商业包装设计。

（四）数码印刷

数码印刷是一项综合性很强的技术，涵盖印刷、电子、网络、通讯等多个技术领域。所谓数码印刷就是电子档案由电脑直接传送到印刷机，从而取消了分色、拼版、制版、试车等步骤。这种印刷对于印量不足1000份的四色印刷作业是非常有效的，它避免了传统的四色印刷准备时间长以及费用高的缺点。图2-51至图2-53所示为数码印刷出的商业包装设计。

图 3-50

图 2-51

图 2-52

图 2-53

二、印刷工艺

包装印刷中的加工工艺是在印刷完成后,为了包装作品的整体特色,对其进行的后期加工处理方法。

(一)烫印

烫印是指按照包装要求将烫金的图文部分制成凸版并安装上机,通过电热装置,加热电化铝薄膜,印刷机通过压力转印到承印物表面上。烫印的材料是电化铝,主要以金色、银色为主,还有红色、蓝色、黑色等多种。在包装设计时常运用在品牌及需要突出表现的形象上,使其在整个展示面上具有较强的视觉跳跃作用,吸引消费者。图 2-54、图 2-55 所示为商业包装中运用的局部烫印效果。

图 2-54　　　　　　　　　　　　　　　　图 2-55

（二）浮雕工艺

浮雕工艺是将树脂粉末溶解在未干的油墨里，经过加热使印刷物凸起而产生一定立体感的特殊工艺，主要用于高档礼品的包装设计。图 2-56 至图 2-58 所示为商业包装平面的浮雕设计。

图 2-56　　　　　　　　　　　　　　　图 2-57

图 2 - 58

(三)扣刀印成型

扣刀印成型是指根据包装设计要求,包装印刷时需要切成特殊的形状,按照设计好的图纸制成木模,钢刀片顺木模边缘围绕并加固,然后将包装印刷品切割成型。图 2 - 59 所示为扣刀印成型的商业包装设计。

图 2 - 59

(四)上光与上蜡

上光是在印刷品的表面形成一层光泽和光膜,有美观的作用。上蜡是在包装纸上涂热融蜡,使其色彩艳丽,同时具有防潮、防油、保鲜等保护作用。图 2 - 60 所示为商业包装设计成品效果。

图 2-60

三、印刷输出流程

（1）完整的设计稿样。稿样上有具体的文字、图形、色彩等各元素全面而准确的设计，利用电脑技术对造型要素和外装潢要素进行精确的编排设计。

（2）照像与电分。设计稿样中的摄影照片或插图要经过照像分色或电子扫描分色，通过电脑媒介进行调整后印刷。电子分色较照像分色更准确快捷，且印刷效果精美。

（3）制版。现代平版印刷将各种不同制版来源的软片，分别按照要求拼到印刷板上，再晒成印版进行印刷。

（4）印前打样。在正式印刷之前，通过数字打样机进行印前打样。打样的目的是检查版面中有没有错误，如色彩修正、局部调整、品质监制等，以确保包装成品最终达到设计要求。打样是在输出胶片后完成的，是印刷高质量的设计正稿的必须过程。

（5）拼版。包装印刷品的尺寸有时很难与印刷机的幅面相匹配，因此在展开包装图时，一般先根据设计需要制作出单个的页面，再根据印刷机的幅面拼成四开或对开版上机印刷。

（6）印刷。确定没有修改调整后开始投入批量的印刷。

（7）成型。印刷成品后期需要进行压凸烫金、银，或者上光覆膜等加工工艺，完善整个印刷制作。

第五节　包装材料的选择

现代包装材料随着科技的飞速发展而发生着巨大的变化。包装材料由早期的自然材料到各种复合材料，品种各异。在包装材料的选择和应用上要以适用性、科学性、经济性为基本原则。材料要素是包装所用材料表面的纹理和质感，利用不同材质表面的肌理变化或表面的形状使商品外包装装潢达到最佳效果。

一、纸包装材料

纸包装材料是我国产品包装最为广泛的一种材料，它便于加工成型、成本低，适用于多种印刷。纸包装材料可分为纸、纸板、瓦楞纸板三大类。图2-61至图2-64所示为几种主要的纸包装设计作品。

图2-61

图2-62

图2-63

图2-64

（一）纸的主要种类

（1）牛皮纸。牛皮纸是坚韧耐水的包装用纸，呈棕黄色，用途很广，常用于制作纸袋、信封、作业本、唱片套、卷宗和砂纸等。牛皮纸的定量范围为40克/平方米至120克/平方米，有卷筒纸和平板纸，又有单面光、双面光和带条纹的区别。它主要的质量要求是柔韧结实，耐破度高，能承受较大的拉力且压力不破裂。

（2）铜版纸。铜版纸分单面和双面两种，主要采用木、棉纤维等高级原料精制而成。定量范围每平方米在30克至300克左右，250克以上称为铜版白卡。铜版纸纸面涂有一层白色颜料、粘合剂及各种辅助添加剂组成的涂料，经超级压光，纸面洁白，平滑度高，粘着力大，防水性强，油墨印上去后能透出光亮的白底，适用于多色套版印刷。其印后色彩鲜艳，层次变化丰富，图形清晰，适用于印刷礼品盒和出口产品的包装及吊牌。克度低的薄铜版纸适用于盒面纸、瓶贴,罐头贴和产品样木。

（3）羊皮纸。羊皮纸是一种透明的高级包装纸,又称硫酸纸。它是羊皮原纸经硫酸处理之后所得的一种变性加工纸。它是一种高强度的纸,一般用破布浆或化学木浆制成,制造过程中不加任何填料、胶料,因而羊皮纸的吸水性好,组织均匀。它的特征是结构紧密,防油性强,防水,湿强度大,不透气,弹性较好,该纸经过羊皮化,具有高强度及一定的耐折度,可作半透膜。

（4）漂白纸。漂白纸采用软、硬木混合纸浆,用硫酸盐或亚硫酸盐工艺生产,具有较高强度,纸面光滑、细白,多用作包装纸标签、瓶贴。

（5）蜡纸。蜡纸是表面涂蜡的加工纸,用来包裹东西,可以防潮。它具有极高的防潮抗水性能和防油脂渗透性能,主要用于各种不同食品包装的内包装。

（6）玻璃纸。玻璃纸是一种是以棉浆、木浆等天然纤维为原料,用胶黏法制成的薄膜。它透明、无毒、无味,对商品的保鲜和保存活性十分有利,广泛应用于商品的内衬纸和装饰性包装用纸。它的透明性使人对内装物一目了然,又具有防潮、不透水、不透气、可热封等性能,对商品起到良好保护作用。与普通塑料膜比较,它有不带静电、防尘、扭结性好等优点。

（二）纸板的主要种类

纸板是销售包装的主要生产用纸,其强度大,易加工成型,厚度一般在 0.3～1.1mm。

（1）白纸板。白纸板有灰底与白底两种,质地坚固厚实,纸面平滑洁白,具有较好的挺力强度、表面强度、耐折和印刷适应性,适用于做折叠盒、五金类包装、洁具盒,也可用于制作腰箍、吊牌、衬板及吸塑包装的底托。由于它的价格较低,因此用途最为广泛。

（2）牛皮纸板。牛皮纸板是硫酸盐纸浆加工而成,有单面牛皮纸板和双面牛皮纸板两种。它的强度大于普通纸板,主要用作瓦楞纸板的面纸和饮料的集合包装。

（3）黄纸板。黄纸板又称草纸板,是一种呈土黄色,用途广泛的纸板。它主要用于制作低档的中小型纸盒,讲义夹、皮箱衬垫、书籍封面的内衬,五金制品和一些价廉商品的标签纸,也用来包装服装和针织品等。

（4）复合加工纸板。复合加工纸板是采用铝箔、聚乙烯等多种材料复合加工而成的纸板,具有防油、防水、保鲜等多种功能。

（三）瓦楞纸板类

瓦楞纸板又称波纹纸板,其一面或两面粘有一层盖面纸,具有较好的弹性和延伸性,主要用作纸箱的夹心以及易碎商品的包装材料。它是用土法草浆和废纸经打浆,制成类似黄纸板的原纸板,再经机械加工使其轧成瓦楞状,然后在其表面用硅酸钠等胶粘剂与普通包装纸粘合而成。瓦楞纸板富于弹性,缓冲作用好;可根据需要制成各种形状的衬垫或容器,比塑料缓冲材料简便、快捷;受温度影响小,遮光性好,受光照不变质,一般受湿度影响也较小,但不宜在湿度较大的环境中长期使用,这会影响其强度。

根据瓦楞凹凸的大小,瓦楞纸板可分为细瓦楞和粗瓦楞。一般凹凸深度为 3mm 的为细瓦楞,常用作玻璃器皿防震的挡隔纸;一般凹凸深度为 5mm 的为粗瓦楞,轻巧且坚固,常用作载重耐压、防震防潮的运输包装。

二、塑料包装材料

塑料材料因性能优异,加工容易,在塑料、橡胶和合成纤维三大合成材料中,是产量最大、应用最广的高分子材料。目前,塑料材料的应用领域仍在进一步扩大,已经涉及国民经济及人们生活的各个方面。图 2-65 至图 2-67 所示为几种主要的塑料包装设计作品。

图 2-65 图 2-66 图 2-67

(一)塑料薄膜

塑料薄膜是用聚氯乙烯、聚乙烯、聚丙烯、聚苯乙烯以及其他树脂制成的薄膜,用于包装以及覆膜层。它已经广泛地应用于食品、医药、化工等领域,其中又以食品包装所占比例最大,如饮料包装、速冻食品包装、蒸煮食品包装、快餐食品包装等,这些产品都给人们生活带来了极大的便利。

(二)塑料容器

塑料容器即中空吹塑容器,是以中空成型方法加工而成,有开口塑料桶、罐及闭口塑料桶、罐。开口塑料桶、罐主要用于盛装固体化工品、食品、药品等;闭口塑料桶、罐主要用于盛装液体物质。它具有重量轻、不易碎、耐腐蚀、可再回收利用的特点。

三、金属包装材料

金属材料是指以金属元素或以金属元素为主构成的具有金属特性的材料的统称。图 2-68、图 2-69 所示为几种主要的金属包装材料的设计作品。

图 2-68 图 2-69

(一)马口铁皮

马口铁是表面镀有一层锡的铁皮,不易生锈,又叫镀锡铁。马口铁罐装食品,除少数淡色水果及果汁罐头外,大都使用内部涂漆的空罐,以提高容器的耐蚀特性。它的完全隔绝环境因素的密闭系统,避色食品因光、氧气、湿气而劣变,也不因香气透过而变淡或受环境气味透过污染而变味,食品贮存的稳定度优于其他包装材质,维他命 C 的保存率最高,营养素的保存性亦最好。

(二)铝及铝箔

铝为银白色轻金属,具有延展性,在潮湿空气中能形成一层防止金属腐蚀的氧化膜。铝箔因其优良的特性,广泛用于食品、饮料、香烟、药品、照相底板、家庭日用品等,通常用作包装材料,电解电容器材料,建筑、车辆、船舶、房屋等的绝热材料,还可以作为装饰的金银线、壁纸以及各类文具印刷品和轻工产品的装潢商标等。

四、玻璃包装材料

玻璃在古代也称琉璃。琉璃是一种透明、强度及硬度颇高、不透气的物料。近年来越来越多的装饰倾向于玻璃包装,常用于瓶装酒水、饮料等。玻璃具有良好的阻隔性能,可以很好地阻止氧气等气体对内装物的侵袭,同时可以阻止内装物的挥发;可以反复多次使用,可以降低包装成本;安全卫生、有良好的耐腐蚀能力和耐酸蚀能力。图 2-70、图 2-71 所示为玻璃包装材料的设计作品。

图 2-70

图 2-71

五、陶瓷包装材料

陶瓷是陶器和瓷器的总称,是我国传统的包装容器,在现代包装中常用于白酒、泡菜、酱菜等商品。图 2-72、图 2-73 所示为用陶、瓷作为包装材料的设计作品。

图 2 - 72   图 2 - 73

六、复合材料

复合材料是由两种或两种以上不同性质的材料，通过物理或化学的方法，在宏观上组成具有新性能的材料。各种材料在性能上互相取长补短，产生协同效应，使复合材料的综合性能优于原组成材料而满足各种不同的要求。复合材料的基体材料分为金属和非金属两大类。图 2 - 74所示为复合材料的包装设计作品。

图 2 - 74

第三章　包装造型结构设计

商品包装设计中一个较重要的设计元素是包装的造型。与其他诸如建筑设计、工业产品设计的道理一样。包装的盒形设计、容器造型设计都是由其本身的功能来决定形态的,是根据被包装产品的性质、形状和重量来决定的,将立体构成的原理合理地运作在解决包装的造型结构中,是较为科学的一种设计手段。

第一节　包装结构设计的方法

容器造型设计是一门空间艺术,它是用各种不同的材料和加工手段在空间创造立体的形象。在确定一个基本形时,往往采用"雕塑法"为基本手段,然后进行型体的切割和相合。而基本形的定位,是来源于几何形体,如球体立体、圆柱体、锥体等。化妆品的瓶型通常以圆柱体为基本整体形,而立体构成的柱体结构主要体现在柱端变化、柱面变化和柱体的棱线变化三个方面,采用对各部位的切割、折屈、旋转、凹入等手法。如很多香水瓶的设计,往往也是在方形、椭圆形的基础上切割或扭转,从而形成多角型的瓶型,加强了玻璃的折光效果。

一、形态的变化

自然界中的事物形状、姿态、形式不尽相同,各有特色。在包装设计中的容器形态亦是丰富多样的,容器造型设计是优秀包装设计的前提,在此基础上才能更好地拓展思维进行外部装潢的进一步设计。包装造型设计还是一个抽象形态的语言表达,对形态的把握有着对艺术作品一般的审美需要。图3-1至图3-3所示的商品包装具有优美的各异形态。

图 3-1

图 3-2

图 3-3

(一)生命力

我们所研究的形态本身是处于静止状态中的形态,而自然形态中有很多是以其旺盛的生命力,给人以美感的。我们可以吸取自然形态中的一种扩张、伸展的精神加以创造性地运用在包装设计中。

(二)动感

动感意味着发展、前进、均衡等好的品质,是指运用"渐变"的方法形成视觉上的时间变化,形成"动的构成"。在设计中通常依靠曲线以及形体在空间部位的转动来取得。

(三)体量感

体量感指的是体量带给人的心理感觉。设计时关键要处理好同等体量的形态如何以不同的心理暗示,采用局部减缺、增添、翻转、压屈都能体现较好的效果。

(四)深度感

自然形态中有很多具有深度感的形式,能引人入胜,用抽象形体去体现深度,诸如:对比与调和、节奏和韵律方面,形态的整体造型,诸如:统一与变化,对称与匀衡。

二、设计形式的变化

在包装容器造型形态设计时,要具有体块观念,能在完整统一中求变、求新。

(一)体面与块

在容器设计组合时,要注意前后、纵深等多维度关系,依据商品的特性把两个或多个基本形重组,各个体块用加减法处理,合理安排好各比例与空间关系。图 3-4 所示为商业包装设计结构的多个基本形重组。

(二)留缺

留缺是指对容器造型的局部进行切除,留下空缺部分,其大小、面积可按设计的需要调整。图3-5、图 3-6 所示为商业包装设计中的留缺设计。

图 3-4

图 3 - 5   图 3 - 6

（三）凹凸

凹凸是指在容器造型设计中，将形体的局部制作出凹陷或凸起的效果，亦可在细节处理上调整位置、弧度、大小等。图 3 - 7、图 3 - 8 所示为商业包装设计中的凹凸设计。

图 3 - 7   图 3 - 8

（四）线饰

线饰是指在整个容器造型的外部或局部某处加以线形的处理。线形装饰的裁切深度、方向的不同都会产生不同的视觉效果。图 3 - 9、图 3 - 10 所示为线饰处理在商业包装设计中的表现。

图 3 - 9   图 3 - 10

（五）肌理

容器的形体设计中应注意一些肌理效果的制作，以增加包装设计的装饰性。肌理在处理手法上可以是整体的、局部的，也可以是规则的、不规则的搭配设计，还可以进行局部主体部位的磨砂或喷砂技术处理。图 3 - 11、图 3 - 12 所示为肌理处理在商业包装设计中的表现。

图 3 - 11   图 3 - 12

（六）盖形

容器盖部的设计具有很大的灵活性，容器盖具有了密封商品的性能后，亦可以增加些装饰的情趣设计，会给整个容器设计带来锦上添花的作用。图 3 - 13、图 3 - 14 所示为商业包装设计中对盖形的设计处理。

图 3 - 13　　　　　　　　　　图 3 - 14

（七）附加值的设计变化

为了提高商品本身的市场价值,在设计包装容器时可以在外部附加各种装饰物,使整个设计因为有了附加物而突显内在蕴含或人文情怀。图 3 - 15、图 3 - 16 所示为商业包装设计中的附加价值的体现。

图 3 - 15　　　　　　　　　　图 3 - 16

第二节　包装纸盒形体设计

纸盒是一个立体的造型,它是由若干个组成面的移动、堆积,折叠、包围而成的多面形体。立体构成中的面在空间中起着分割空间的作用,对不同部位的面加以切割、旋转、折叠,所得到的面就有不同的情感体现。平面有平整、光滑、简洁之感,曲面有柔软、温和、富有弹性之感。曲面的柔软,圆的单纯、丰满,方的严格、庄重等特征恰恰是我们在研究纸盒的形体结构时所必须考虑的。

一、纸盒包装基本结构形式

（一）管状纸盒结构

管状纸盒结构多为单一的、垂直高度上的整体结构,盒身基本形态为四边形,有的结构可在此基础上延展为多边形结构形式,盒体的侧边有粘口或采用栓锁结构形式来固定纸盒。在设计时,由于管状纸盒的盒底承托商品的重量,其盒底结构必须牢固。图 3 - 17、图 3 - 18 所示为管状包装设计。

图 3 - 17 　　　　　　　　　　　　　　　图 3 - 18

一般来讲,管状纸盒盒底结构主要有以下三种方式。

1. 别插式锁底

这种结构主要是通过"别"和"插"相咬合完成,有一定承重能力,常用于酒盒包装。图 3 - 19所示为别插式锁底结构图。

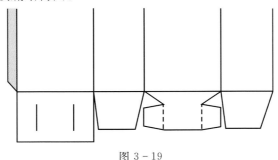

图 3 - 19

2. 自动锁底

这种结构采用预粘的方式,盒底部分在使用时可自动锁紧,粘接后仍能压平、牢固且具有一定承受力,适合自动化生产。锁底式结构可分为自动和半自动两种。图 3 - 20、图 3 - 21 所示为自动式锁底结构图。

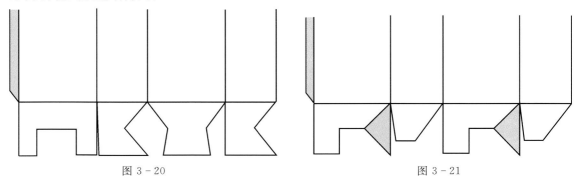

图 3 - 20 　　　　　　　　　　　　　　　图 3 - 21

3. 间壁封底式

这种结构将管状结构盒的内部折成具有间隔功能的结构,盒体内部会形成间壁,用来分隔固定内装物,起到保护的作用。图 3 - 22 所示为间壁封底式结构图。

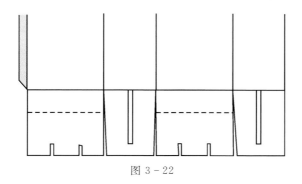

图 3 - 22

(二)卧式纸盒结构

卧式纸盒结构是在纸板的周边通过折叠、栓锁或粘和而成。盒底一般没有变化,主要体现在盒体部分。卧式纸盒由于高度较低,其主展示面较大,强调在盒身的水平面上效果表现。图3-23、图3-24 所示为卧式包装设计。

图 3 - 23

图 3 - 24

一般来讲,卧式纸盒盒身结构主要有以下三种方式。

1. 别插式

这种结构无须任何粘接或栓锁,仅靠周边内折而成。图3-25 所示为卧式纸盒的别插式结构图。

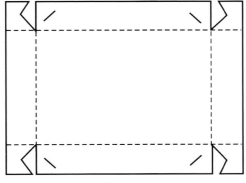

图 3 - 25

2. 栓锁式

这种结构通过相互栓锁间的粘和使结构更加牢固。图 3 – 26 所示为卧式纸盒的栓锁式结构图。

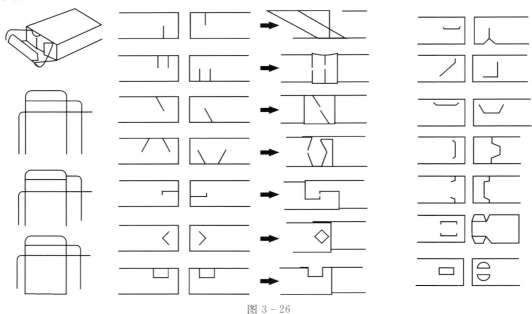

图 3 – 26

3. 粘和式

这种结构通过内折部分的局部粘和折叠而成。图 3 – 27 所示为卧式纸盒的粘合式结构图。

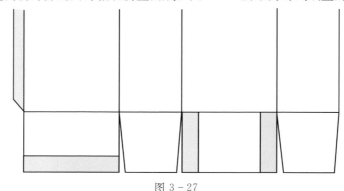

图 3 – 27

二、纸盒包装的分类

纸盒包装按基本形态可分为三类：①可折叠的纸盒，称折叠盒；②不能折叠的纸盒，称之为硬纸盒；③纸张经过加工、复合、涂胶处理后制成可装液态的容器，统称软包装纸盒。在商品包装中，折叠纸盒的应用最多，它的结构有如下几种基本类型。

（一）天地盖和摇盖式

天地盖和摇盖式是在盒面上根据不同的图形压有切线，可以打开盒盖，既能看到商品，又能看到盒面的装璜图形、文字和商标。它的优点是开启方便，易于取出商品和便于陈列及宣传商品。图 3 - 28 所示为摇盖式商业包装设计。

图 3 - 28

(二)开窗式

　　开窗式有局部开窗、盒盖透明和多面透明等三种形式。一般与透明塑胶片结合使用,开窗部位显示出商品,便于消费者选购。开窗式常与吊挂式相结合,以展示内装物。图 3 - 29、图 3 - 30所示为开窗式商业包装设计。

图 3 - 29

图 3 - 30

(三)手提式

　　有的商品包装体积较大,为方便顾客携带,在纸盒上加一提手。提手要尽可能设计成可以折叠的形式,这样可方便运输且不占太多面积。图 3 - 31、图 3 - 32 所示为手提式商业包装设计。

图 3 - 31   图 3 - 32

（四）陈列式

陈列式又称 POP 式包装盒,可供广告性陈列的纸盒。图 3 - 33、图 3 - 34 所示为陈列式商业包装设计。

图 3 - 33   图 3 - 34

（五）组合式

组合式可以使其各个包装单元既具有独立性,又具有组合成套的效果。图 3 - 35 至图 3 - 37所示为商业包装设计中的组合形式。

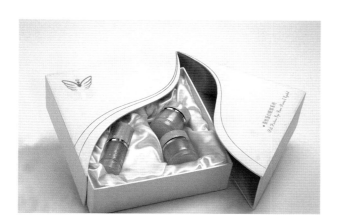

图 3 - 35

图 3 - 36

图 3 - 37

（六）抽拉式

抽拉式又称为套式盒，其套盖可以分为一边开口和两边开口两种形式。图 3 - 38、图 3 - 39所示为抽拉式商业包装设计。

图 3-38

图 3-39

（七）封闭式

封闭式是一种防盗盒，其整体是全封闭的状态，一旦沿着拉启线撕开后就无法再封合。多用于药物包装或饮料包装。图 3-40 所示为封闭式商业包装设计。

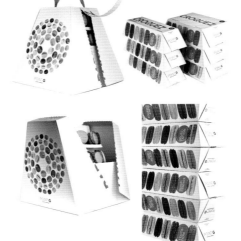

图 3-40

（八）自动式

自动式即盒盖部分的结构形成半自动开启的处理。图 3-41 所示为自动式商业包装设计。

三、特殊形态纸盒结构

特殊形态纸盒结构是在纸盒的某一个部位开一个缺口，或者是加上一个附件，可以使粉状、粒状、块状或者是流质的商品倒出来使用。其纸盒结构可多样化，为方便消费者使用，可根据商品不同的用途作相应的特殊设计。

图 3-41

（一）异型结构

异型结构是指改变折线形成的造型，改变盒体形成的造型、曲面造型，减缺后形成的造型。异形折叠纸盒的设计方法主要有以下三种：

1. 斜线设计

斜线设计是指在直角六面体盒的盒体、盒盖或盒底位置设计斜线压痕，使得盒形发生变化。图 3-42 所示为斜线式结构图。

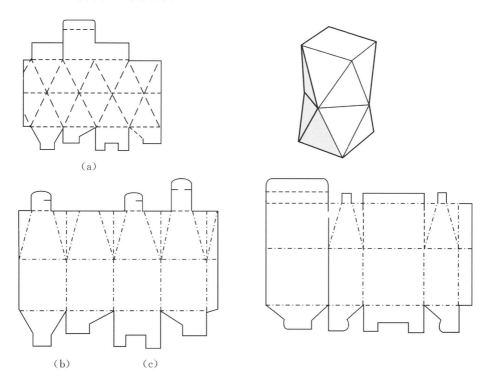

（a）

（b）　　　（c）

图 3-42

2. 曲线设计

曲线斜体是指在直角六面体盒的盒体、盒盖或盒底位置设计曲线压痕，得到异形纸盒。图 3-43 所示为曲线式结构图。

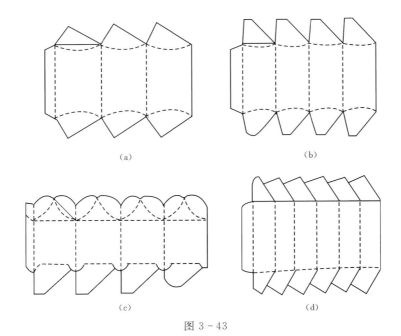

图 3 - 43

3.反揿设计

反揿设计利用纸板的耐折性、挺度和强度,在直角六面体盒的边、角采用局部外折的方法进行反揿。图 3 - 44 所示为反揿式结构图。

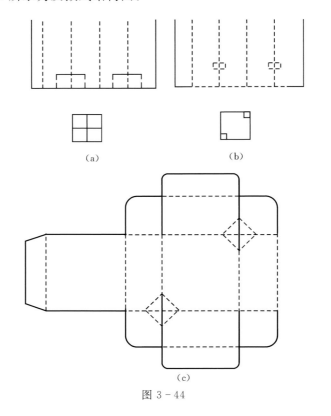

图 3 - 44

（二）拟态结构

模拟形态亦是容器造型的一个设计手段，即直接模仿某一外显形态，以增强商品的直观效果，吸引消费群体，立体构成中的仿生结构，对于我们反映五彩缤纷的现实生活，丰富完善我们的表现能力提供了较好的帮助。纸盒的拟态设计不是单纯的仿真，而是在作为一个可以折叠存放的纸盒的前提下，采用几何化的处理手法进行设计。它要求外形轮廓简洁，便于折叠与成型。图3-45至图3-54所示为模拟形态的商业包装设计。

图 3-45

图 3-46

图 3-47

图 3-48

图 3-49

图 3-50

图 3 - 51

图 3 - 52

图 3 - 53

图 3 - 54

(三)意象结构

所谓意象,是指凭借意念的想象。在多数情况下,我们要以包装物品的实际要求为思考的前提。

我们可以依照包装物的形态,将意想的草图勾画出来,同时需要确定盒子的开启方式,以解决如何装、取包装物的问题,以及确定盒子定型的方法,是利用粘合、别插还是捆扎。意象结构的包装设计除了外观形态感强,同时也要满足盛装和保存商品的基本功能。图 3 - 55 至图3 - 62 所示为意象形态的商业包装设计。

图 3 - 55

图 3 - 56

图 3 - 57

图 3 - 58

图 3 - 59

图 3 - 60

图 3 - 61

图 3 - 62

第四章 包装装潢设计形式要素

第一节 构图要素

一、文字

　　在包装设计中,文字是传达商品信息的重要组成部分,文字本身也是设计画面中不可缺少的视觉形象。成功的包装往往善用文字来传播商品信息、调控购买指向,以至于有些包装设计中不用图形,而完全使用文字变化构成画面。就像广告设计一样,包装设计有时可以没有图形,但是不可以没有文字,文字是传达包装设计必不可少的要素,许多好的包装设计都十分注意文字设计,甚至完全以文字变化来处理装潢画面。图 4-1 至图 4-4 所示为包装设计中的文字表现。

图 4-1

图 4-2

图 4-3

图 4-4

（一）包装设计中的文字内容

1.基本文字

基本文字包括包装牌号、品名和生产企业名称，一般安排在主要展示面上。生产企业名称也可以编排在侧面或背面；牌名字体一般作规范化处理，有助于树立产品形象；品名文字可以加以装饰变化。图4-5、图4-6所示为商业包装设计中的基本文字类型。

图4-5　　　　　　　　　　　　　　　图4-6

2.资料文字

资料文字包括产品成分、容量、型号、规格等。编排部位多在包装的侧面、背面，也可以安排在正面。设计时要采用印刷字体。图4-7所示为商业包装设计中的资料文字类型。

图4-7

3.说明文字

说明文字包括产品用途、用法、保养、注意事项等。说明文字内容要简明扼要，字体应采用印刷体。一般不编排在包装的正面。

4.广告文字

广告文字是宣传内装物特点的推销性文字，内容应做到诚实、简洁、生动，切忌欺骗与啰唆，其编排部位是多变的。但是，广告文字并非是必要文字。图4-8至图4-10所示为商业包装设计中的广告文字类型。

图 4 - 8

图 4 - 9

图 4 - 10

(二)包装设计中字体的设计

中文书法字体具有很好的表现力,体现了不同的风格特点,是包装装潢设计中的生动语言。印刷体的字形清晰易辨,在包装上的应用更为普遍。汉字印刷体在包装上运用的主要有宋体、黑体、综艺体和圆黑体。不同的印刷体具有不同的风格,对于表现不同的商品特性具有很好的作用。在包装装潢设计中运用最为丰富多变的还是装饰字体。装饰体的形式多种多样,其变化形式主要有外形变化、笔画变化、结构变化、形象变化等多种。针对不同的商品内容应作有效的选择。图 4 - 11、图 4 - 12 所示为商业包装字体设计。

图 4 - 11

图 4 - 12

（三）包装设计中字体的选择

字体格调要体现内容的属性特点。字体的运用要具有良好的识别性、可读性，特别是书法体的运用。为避开一般消费者看不懂，应进调整、改进，使之既能为大众所接受，又不失其艺术风味。注意同一名称、同一内容的字体风格要一致。在包装设计中除文字外，对于出口商品的包装，或者内外销有包装文字的设计，必然涉及外国文字的运用。其中拉丁字母在包装中涉及最多，这种文字的特点是以字母构词，26 个字母有大、小写之分。图 4 - 13、图 4 - 14 所示为以文字设计为主的商业包装设计。

图 4 - 13 图 4 - 14

商品包装上的牌号、品名、说明文字、广告文字以及生产厂家、公司或经销单位等文字信息，反映了包装的本质内容。设计包装时，必须把这些文字作为包装整体设计的一部分来统筹考虑。

（四）包装文字设计的要点

1.突出商品的特征

文字设计要从商品的物质特征和文字特征出发，选择字体和变化字体时，要注意字体的风格与商品的特征相互吻合，从而达成一种默契，以便更生动、典型地传达商品信息。如医药包装可选择简洁、明快的字体；机电产品包装要采用刚健、硬朗的字体；化妆品则须用纤巧、精美的字体以强化宣传效果。图 4 - 15 至 4 - 17 所示为以文字设计为主的商业包装设计。

图 4 - 15 图 4 - 16

图 4-17

2.加强文字的感染力

　　字体本身已经具备形象美感,但若以表达商品特性为前提,还要对文字加以特殊的艺术处理,在符合商品的属性特点的前提下,使字体设计得个性鲜明,形式感及美感兼而有之。此外,包装上的各类文字还必须进行很好的编排组合,一是把握主题文字,将主题文字安排在最佳视域区;二是处理好主、次的文字关系,一字一行能使消费者的视线沿着一条自然合理、通顺畅达的流程节奏进行阅读,达到一种赏心悦目的视觉效果。图 4-18 至图 4-21 所示为以文字设计为主的商业包装设计。

图 4-18

图 4-19

图 4-20

图 4-21

3.注重文字的识别性

在进行字体设计时,因为装饰美化的需要,往往要对文字运用不同的表现手法进行变化处理。但这种变化装饰应在标准字体的基础上进行,不可篡改文字的基本形态。

4.把握字体的协调性

一般而言,包装中的字体运用不宜过多,用三种左右的字体为好。汉字与拉丁字母的配合,要找出两者字体之间的相对应关系,使之在同一画面中求得统一。当然,字体间的大小和位置同样不能忽视,既要有对比,又要有和谐。图4-22至图4-24所示为以文字设计为主的商业包装设计。

图4-22　　　　　　　　　　　　　　图4-23

图4-24

二、图形

图形作为包装设计的主要元素之一，以它强烈的感染力和直截了当的表达效果，在现代商品激烈的竞争中同样扮演着重要的角色。图 4 - 25 至图 4 - 31 所示为以图形设计为主的商业包装设计。

图 4 - 25

图 4 - 26

图 4 - 27

图 4 - 28

图 4 - 29

图 4 - 30

（一）图形的内容

图形的内容主要包括以下七方面：

（1）产品形象；

（2）标志形象；

（3）消费者形象；

（4）借喻形象；

（5）字体变化形象；

（6）应用说明形象；

（7）辅助装饰形象。

图 4 - 31

（二）图形设计的要点

（1）注意准确的信息性。图形作为设计的语言，要注意把话说清楚。在处理中必须抓住主要特征，注意关键部位的细节。否则，差之毫厘，失之千里。比如苹果、西红柿、桔子等在体量上差不多，但实际上却有很大不同，这就要在处理中注意它们各自的不同特征。一种形象的特征往往是在与它同类形象的比较中显现得更为鲜明，所以，在比较中把握特征是一个有效的方法。同时，还要注意鲜明而独特的视觉感受。现代销售中包装实际上也是一种小型广告设计，不仅要注意内容物的特定信息传达，还必须具有鲜明而独特的视觉形象。所谓独特，并不在于简单或复杂。简单的可能是独特的，也可能是平淡的；复杂的可能是新颖的，也可能是陈旧的。要做到简洁而有变化，复杂而不繁琐；简而生动、丰富，繁而单纯、完美，才能新颖独特，富有个性。

（2）图形的局限性与适应性。图形传达一定意念，对不同地区、国家、民族的不同风俗习性应加以注意。同时，也要注意适应不同性别、年龄的消费对象。图形除常规印刷外，还可以采用模压等技术处理手段。当然这要根据包装的成本档次及内容物的表现要求来选择。

（三）图形的表现形式

1. 具象图形

（1）摄影图片。摄影图片能真实地表达产品形象，色彩层次丰富，在包装上应用广泛。摄影图形除写实表现外，还可以采用多种特殊处理以形成多种图形效果。图4 - 32 所示为具象图形在商业包装设计中的表现。

（2）写实绘画图形。摄影不能代替绘画手段，而所谓绘画也不是纯客观的写实，否则就不必绘画，应根据表现要求对所要表现的对象加以有所取舍地主观选择，以使形象比实物更加单纯、完美。图 4 - 33、图 4 - 34 所示为写实绘画图形在商业包装设计中的表现。

图 4 - 32

图 4 - 33　　　　　　　　　　　　　　图 4 - 34

（3）归纳简化图形。这是指在写实基础上的概括处理。它通过归纳特征、简化层次，使对象得到更为简洁、清晰的表现。在表现方法上，点、线、面的变化可以形成多种表现效果。图 4 - 35、图 4 - 36 所示为归纳简化图形在商业包装设计中的表现。

图 4 - 35　　　　　　　　　　　　图 4 - 36

（4）夸张变化图形。这是在归纳简化基础上的变化处理，即不但有所概括，还强调变形，使表现对象达到生动、幽默的艺术效果。图 4 - 37 所示为夸张变化图形在商业包装设计中的表现。

2.抽象图形

抽象图形是指用点形变化、线形变化和面形变化形成的没有直接含义而有间接联系的图形。抽象图形具有广阔的可表现的地方，在包装画面的表现上有很大的发挥潜力。抽象图形虽然没有直接的含义，但是同样可以传达一定的信息，在设计上这一点很重要。如前面谈到在联想法构思表现中，抽象图形同样可以引导观者的联想感受。图 4 - 38 至图 4 - 40 所示为抽象图形在商业包装设计中的表现。

图 4 - 37

图 4 - 38

图 4 - 39

图 4 - 40

3. *理想化图形*

理想化图形是指从人的主观意识出发,利用客观物象为素材,以写意、寓意的形式构成的图形。意象图形有形无像,讲究意匠,不受客观自然形态和色彩的局限,采用夸张、变形、比喻、象征等方法,给人以赏心悦目的感受。图 4 - 41、图 4 - 42 所示为理想化图形在商业包装设计中的表现。

图 4 - 41

图 4 - 42

三、色彩

包装上的色彩是影响视觉最活跃的因素,因此包装色彩设计很重要。色彩是远观包装获得的第一视觉感受。调查表明,顾客对商品的感觉首先是色,其次才是形,顾客在最初接触商品的 20 秒内,色彩反馈为 80%,形体反馈为 20%。所以,商品包装必须以"色"夺人。不同的商品有不同的特点与属性。设计者要研究消费者的习惯、爱好以及国际、国内流行色的变化趋势,并不断增强色彩的社会学和消费者心理学意识。图 4 - 43 至图 4 - 50 所示为商业包装设计中的色彩表现。

图 4－43

图 4－44

图 4－45

图 4－46

图 4－47

图 4－48

图 4 - 49

图 4 - 50

（一）色彩的对比与调和

包装色彩的总体感觉是华丽还是质朴，都是取决于包装色彩的总色调。总色调直接依据色相、明度、纯度这些色彩基本属性来具体体现。

（1）强调色。强调色是总色调中的重点用色，是面积因素和视认度结合考虑的用色。一般要求明度和纯度均高于周围的色彩，在面积上则要小于周围的色彩，否则起不到强调作用。

（2）间隔色。间隔色运用是指在相邻而呈强烈对比的不同色彩的中间用另一种色彩，以加强协调，减弱对比。间隔色自身以偏中性的黑、白、灰、金、银色为主。如采用有彩色间隔时，要求间隔色与被分离的颜色在色相、明度、纯度上有较大差别。

（3）渐层色。渐层是渐渐变化地用色，色相、明度、纯度都可作渐层变化。渐层色具有和谐而丰富的色彩效果，在包装的色彩处理中运用较多。

（4）对比色。对比色不同于强调色，这是面积相近而色相明度加以对比的用色，这种用色具有强烈的视觉效果，从而具有广告性。

（5）象征色。这是不直接模仿内装物色彩特征，而是根据广大消费者的共同认识加以象征应用的一种观念性的用色。主要用于产品的某种精神属性的表现或一定牌号意念的表现，如中华香烟的包装就选用了象征中华民族的色彩——红色。

（二）色彩的情感与联想

设计师对包装做到醒目并不太困难，但要做到与众不同，又能体现出商品文化内涵和贡献点（需求）是设计过程中最为关键的。成功的商品包装不仅能引起消费者情感和联想，而且还应当使消费者"过目不忘"。心理学认为记忆是人对过去经历过的事物的重现。记忆是心理认识过程的重要环节，其基本过程包括识记、保持、回忆和再认。其中，识记和保持是前提，回忆和再认是结果。只有识记、保持牢固，回忆和再认才能实现。商品包装设计要想让消费者记住，就必须体现商品鲜明个性特性，简洁明了的文、图、形象，同时还要反映商品文化特色和现代消费时尚，这样才能让消费者永久记忆。归根结底，商品包装应当能够满足消费者的审美需求，表达消费者的情感心声。只有用色彩体现和诱发了消费者的美好情感，才可能激发起他们的购买欲望。英国的一项市场调查表明，家庭主妇到超级市场购物时，由于精美包装的吸引而购买的商品，通常超过预算的 45% 左右，足见包装设计的魅力之大。图 4 - 51 至图 4 - 53 所示为商业包装设计中的色彩表现。

图 4-51　　　　　　　　　　　　　图 4-52

图 4-53

（三）色彩的禁忌

当代商品国际交往日益增多，色彩的应用还须注意世界各国对色彩的喜爱和忌讳。例如，大多数非洲国家喜爱艳丽色彩，但其中的尼日利亚、多哥等国，认为红色表示巫术、魔鬼和死亡；在拉丁美洲的委内瑞拉，黄色禁止使用，而在亚洲的印度，黄色颇受欢迎；日本、新加坡、马来西亚喜爱用红、绿色，不用白色；缅甸、泰国喜欢鲜明的色彩；土耳其喜欢用绯红、白绿色；叙利亚喜用青、蓝、深红色，忌用白色；伊拉克丧事用黑色；巴基斯坦喜用翠绿色，忌用黄色；意大利、奥地利喜用绿色；德国喜用黑、灰色；西班牙喜用黑色；法国喜用灰色；瑞士不用黑色；秘鲁忌用紫色；瑞典不用蓝、黄色；埃及忌用蓝色；希腊喜用白、蓝色；墨西哥喜用红、白、绿色；荷兰喜用橙色；保加利亚喜用灰绿、茶色，不喜用鲜明色彩；摩洛哥喜用稍暗色彩。另外，维吾尔族一般禁忌黄色，基督教忌用黄色，认为黄色卑劣、欺诈；汉族一般用红色表示喜庆，黑、白色用于丧事；藏族以白为尊贵的色彩，喜爱黑、红、桔黄、紫、深褐，忌用淡黄、绿色；蒙古族一般喜爱桔黄、蓝、绿、紫红，忌用黑、白色；回族喜爱黑、白、蓝、红、绿色，丧事用白；京族喜爱白、棕色；满族喜爱黄、紫、红、蓝色，忌用白色；傣族喜爱白色；黎族喜爱红、褐、深蓝、黑色；瓦族忌用白色。

四、商标

商标是商业性的一种标志，是以精练的艺术形象来表达一定涵义的图形或文字的视觉符号,它不仅为人们提供了识别及表达的方便,而且具有沟通思想、传达明确的商品信息的作用。因此包装应通过对商标的合理表达来塑造品牌,为营销沟通提供更为直接、有效的途径。图4-54至图4-56所示为商标在商业包装设计中的体现。

图 4-54

图 4-55

图 4-56

商标具有识别性、原创性、时代性、地域性等特征,在商标设计过程中,应综合考虑企业、产品、技术、环境等多种因素,并对这些因素进行分析。商标的特点是由其功能、形式决定的,它要将丰富的信息以更简洁、概括的形式,在相对较小的空间里表现出来,同时保证观察者能够在较短的时间里理解其内在含义。

商标一般分为文字商标、图形商标和组合商标三种。商标设计需要考虑如下要点:①在包装上所占的版面应足够大,所处的位置应当十分明显;②应具有原创的意念与造型;③要遵循《商标法》的相关条款;④要具有独特的个性,容易使公众识别及记忆,并能留下深刻的印象;⑤要有时代感;⑥必须具备时间性和实用性。

第二节 构图的方式与方法

包装装潢是结合包装容器造型体现和完善设计构思的重要手段。它担负着传达和宣传商品信息、美化商品的重任,构成的任务是要把不同的形式成分向一个目标靠拢,清晰地表达一个整体形象。构图正是围绕着以上任务和目的,将包装装潢设计诸要素进行合理、巧妙的编排组合,以构成新颖悦目而又理想的构图形式。

一、垂直式

垂直式是将各视觉传达要素摆放在一个垂直式的空间之中,给人造成挺拔向上、流畅隽永的感觉。在构成时,因各要素多以直立的形式出现,因此,还可将局部施以微小的变化,以小面积的非垂直式排列打破其单调、呆板的局面,使之更有活力。图4-57至图4-59所示为垂直式构图的商业包装设计。

图 4 - 57

图 4 - 58

图 4 - 59

二、弧线式

弧线式骨架包括圆式、S线式、旋转式等。这种构图灵活多变,在画面上能形成活跃的韵律结构,给人浪漫和舒展的感受。图4-60所示为弧线式构图的商业包装设计。

三、中心式

中心式是将主要的视觉要素集中于展示的中心位置,四周形成大面积空白的构成方法。中心式能一目了然地突出主题形象,给人以简洁醒目之感。但必须讲究中心画面的外形变化,调整好中心画面与整个展示面的比例关系。图4-61、图4-62所示为中心式构图的商业包装设计。

图 4 - 60

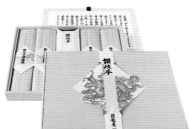

图 4 - 61

图 4 - 62

四、分割式

分割式是指视觉要素布局在按一定的线形规律所分割的空间中,产生纷繁多变的空间效果的构成方法。分割的方法包括垂直分割、水平分割、斜形分割、十字分割、曲形分割等。构成时要处理好空间大小关系和主次关系。图 4 - 63、图 4 - 64 所示为分割式构图的商业包装设计。

图 4 - 63

图 4 - 64

五、散点式

散点式是指以自由的形式,分散排列的构成方式。它用充实的画面给人以轻松、愉悦的感觉。设计时要注意结构的聚散布局、各要素间的相互联系。此外,还要使画面不失去相对的视觉中心。图 4 - 65、图 4 - 66 所示为散点式构图的商业包装设计。

图 4 - 65

图 4 - 66

六、边角式

边角式是将关键的视觉要素安排在包装展示面的一边或一角,其他地方有意留下大片空白的构成方式。这一违背传统的构成方式能增强消费者的好奇心,也有利于吸引消费者的注意力。但要注意视觉要素所处的边角位置以及实与虚的对比关系。图 4 - 67 所示为边角式构图的商业包装设计。

图 4 - 67

七、重叠式

重叠式是多种色块、图形及文字相互穿插、交织的构成方式。多层次的重叠,使画面丰富、立体,且视觉效果明亮、强烈。要使层次多而不乱、繁而不杂,运用好对比与协调的形式法则是重叠式构成的关键。图 4 - 68、图 4 - 69 所示为重叠式构图的商业包装设计。

图 4 - 68

图 4 - 69

八、综合式

综合式是指没有规则的构成方式,或是用几种构成方式综合、统一地进行表现的构成方式。综合式虽无定式可言,但须遵循多样、统一的形式法则,使之产生个性强烈的艺术效果。

第三节　包装设计创意

创意是一种创新,创新是人类社会发展之源,也是艺术进步、求新、求变的不竭动力。包装设计服务于商业,面对的是竞争激烈的市场和挑剔的消费者,唯有创意十足的商品包装才有销售力、吸引力,才能征服市场,赢得消费者青睐。创意是设计的灵魂,是成功设计的前提。优秀的创意来自设计师敏锐的市场洞察力,积极的思考,知识的积累和丰富的经验。创意是包装设计成功的法宝。包装的艺术性是通过包装设计来体现的,归纳起来,包装设计的方法主要有以下几类:

一、系列法

系列法是包装中最常用的方法之一。它实际上是在形态、品名、色彩、型体、材料、组合方式上对同一产品作出不同的包装处理,形成系列化状态,既可满足不同消费者的需求,又可避免一种商品只有一种包装形态的单调局面,以满足顾客的审美心理需求。图 4 - 70 所示为系列法在商业包装设计中的体现。

二、组合法

组合法不是着眼于商品和包装品本身,而是着眼于顾客的消费与使用方便。它根据民族的风俗习惯或地域文化特色,将某些特定的产品相互组合在一起出售。常用的组合方式有礼品组合、使用组合、心理组合、套装组合等。图 4 - 71、图 4 - 72 所示为组合法在商业包装设计中的体现。

图 4 - 70

图 4 - 71

图 4 - 72

三、仿生法

仿生法它是仿照生物的形象、结构、功能、色彩、材料、质地、效果来设计包装品,使包装品具有生物的形态、结构、特性及相似性,从而给消费者以生命、活力、生机等视觉感受,激发消费者的购买欲望,使其实施购买行为。图 4 - 73 至图 4 - 75 所示为仿生法在商业包装设计中的体现。

图 4 - 73

图 4 - 74

图 4 - 75

四、仿古法

仿古法是表达复古、怀旧、思乡和民族化思潮的一种最好方法。它是将一些古老的、有一定代表意义的、今天仍然有一定的社会价值的事物,在包装品上再现出来,以引起人们对远古先祖的思念。仿古法通常使用的手法有形象仿古、结构仿古、功能仿古、色彩仿古、形体仿古、材料仿古、质地仿古等。图 4 - 76 至图 4 - 78 所示为仿古法在商业包装设计中的体现。

图 4 - 76

图 4 - 77

图 4 - 78

五、简化法

简单就是一种美。随着时代的变迁,人们价值观念、审美意识、心理需求及生产工艺、运输方式、装卸手段、包装材料和技术的更新,人们有时会刻意追求简洁明了,有视觉冲击力的包装。4 - 79 至图 4 - 81 所示为商业包装设计中的简化法处理。

六、逆反法

逆反法是利用人们的逆反心理而采用的设计方法。它是对现行的或历史的包装品色彩、材料、质地、结构、形态、文字、图形、等内容进行否定,然后利用相对立的色彩、材料、质地、结构、形态、文字、图形等,使包装品具有新颖性和情感冲击力。4-79 至图 4-81 所示为商业包装设计中的逆反法的体现。

  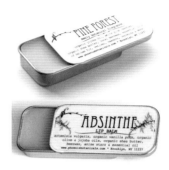

图 4-79　　　　　　　　　图 4-80　　　　　　　　　图 4-81

第四节　包装装潢设计的误区

一、只讲究包装装潢,忽视产品质量

时下商战激烈,很多企业都十分重视产品包装问题,通过发掘"包装功能",取得了显著的经济效益。但一些企业不适当地运用包装策略,片面追求商品的"包装效果",以此误导消费者,却忽视产品本身的质量问题,使一些伪劣商品在精美的包装外衣下大行其道,极大地侵害了消费者的利益。包装只是辅助手段,商品本体才是第一位的,不断提高产品质量,开发新产品,紧密联系市场的需求,始终才是企业关注的头等大事。我们在强调包装的作用,但不能走向另一个极端。

优质商品加上成功的包装,才是市场竞争中永远的强者。如果商品质量欠佳,而包装精美,消费者购买上当后,第二次就不会再购买,而且该商品在消费者中的口碑就会变坏,从而最终失去市场。在实施包装策略时,一定要摆正包装与商品的关系,切忌"金玉其外,败絮其中"的欺骗性包装。

二、包装装潢过度

包装装潢过度主要体现为在包装平面上盲目地追求一种表面华丽的装饰和浮躁的色彩,与商品本身的质量不相符合。在提倡节能环保的今天,设计时要秉承包装材料的绿色环保理念,包装装潢三元素要简洁明了,合理布局,注重各元素点、线、面之间的设计关系。在表达商品主题时拒绝过多的装饰手法,要充分利用商标来体现品牌文化,树立品牌的形象。包装平面上良好的设计秩序能更好地提升商品的附加价值,这才使商品的装潢具有实际的意义。

第五章　系列化包装设计

在琳琅满目的货架上,经常可以看到同一种产品的包装设计十分相似,要么是颜色发生改变,要么是新增了一点文字说明等,这些商品包装呈现出一个系列,这种包装方式就是当代越来越受到生产厂商青睐的系列化包装设计。系列化商品包装也被人们称为"家族式"包装,它们呈现出共同的特点就是突出了产品包装的共性,在视觉上形成了一个"家族"的感觉,而每一件商品包装的个性又能使消费者能分辨出它们之间的差别,譬如同一种品牌的方便面包装,采用同样的规格、商标、品名等,但由于味道不同而采用不同的包装用色。图5-1至图5-3所示为商业包装中的系列化设计。

图5-1

图5-2

图5-3

第一节　系列化包装设计的基本内容

一、系列化包装设计的概念

品牌产品的包装设计,最大的挑战在于维持整个产品大家族的视觉一致性,即系列化包装。所谓系列化包装设计,是指以统一的商标图案及文字字体为前提,以不同的色调、水纹或造型结构为基调进行的同一类别的商品包装设计,要求同中有异,异中有同,既有多样化,又有整体感。系列化包装是当今国际包装设计中一种比较普遍流行的形式,是一个企业或一个商标、牌名的不同种类产品,用一种共性包装特征统一设计而形成的一种统一的视觉形象。如用特殊的造型、文字、标识、色彩、图案等来统一设计,使各个产品的包装具有统一的辨认性,使消费者在货架陈列中一看便知道是哪家企业或哪个品牌的产品,而每一种产品自身的包装又具有个性。

二、系列化包装设计的分类

产品的系列化包装设计大致可以分为以下三类:

(1)同一品牌、不同功能的商品的成套系列化包装。图5-4、图5-5所示为商品的成套系列化包装设计。

图5-4   图5-5

(2)同一品牌、同一主要功能,但不同辅助功能的商品的系列化,例如,某个品牌的多种空气清新剂,其主要功能都是清洁空气,但辅助功能不同。如图5-6至图5-8所示为商品的系列化包装设计。

图5-6   图5-7

图 5-8

　　(3)同一品牌、同一功能,但不同配方的商品的系列化包装。例如,某个品牌的多种洁面乳,其功能都是洁面,但其制造的配方却不同。在设计产品的包装时,设计者应当充分把握系列化包装设计的特点,既发挥系列化包装设计的作用,又要有利于消费者对产品的区分与选择。图 5-9 至图 5-14 所示为商品的系列化包装设计。

图 5-9

图 5-10

图 5-11

图 5-12

图 5-13

图 5-14

三、品牌意识

  系列化包装方式实质上是商家在经营上的一种销售策略,是通过调查与分析市场上同类商品的销售状况后所作出的战略决策。商家具有一定的战略眼光,将所生产的产品组成系列整体推出,但这同时也有一定的风险。系列化包装在货架上所占面积较大,使消费者感到统一和谐,视觉冲击力较强,很容易吸引消费者的视线,比单一商品包装影响大得多,这种包装方式使人印象深刻,容易记忆,市场反响强烈。在较短时期内,系列化包装设计对于开拓市场,抢占市场份额,形成销售规模,是很奏效的,在同类商品销售竞争中,是有着重要的战略意义的。系列商品包装方式的使用非常广泛,几乎所有的同类商品都可以采用系列商品包装方式,尤其以食品、化妆品、土特产品、轻工产品为多。是否采用系列化包装方式,取决于厂家的决策。例如,从中国最早的小兔商标到目前市场经济的品牌大战;从国外的可口可乐、麦当劳到中国的著名商标和驰名商标,都说明了品牌的重要性。图 5-15 至图 5-18 所示体现了商品包装设计中的品牌意识。

图 5 - 15

图 5 - 16

图 5 - 17

图 5 - 18

四、民俗（或民族）意识

只有民族的才是世界的。包装与招贴作为企业文化的一部分，既有它的实用功能性，又有它的文化艺术性。既然有了文化艺术性，它就离不开民俗性或民族性。包装或招贴有了民俗性或民族性的特色，既体现了其又体现了的独特个性和与众不同性，其明显的地域特色、民族民俗特色和文化特色。"阿诗玛"香烟和美国的"希尔顿"香烟的包装主题图案，都带有非常明显的民俗特色。法国的"白兰地"酒和中国的"茅台"酒，也同样具有这种特色。天津的杨柳青，云南的蜡染工艺画，也是具有这种特色。美国的可口可乐招贴和中国的健力宝招贴也有异曲同工之妙。因此说，装潢设计人员必须树立这种意识，在设计一个产品包装或招贴画时，如果能把这种民俗性民族性的特色体现出来，不仅能突出其中的"特别"，而且对产品的促销和招贴画的宣传都会起到推波助澜的作用。图 5 - 19 至图 5 - 27 所示体现了商品包装设计中的民俗（或民族）意识。

图 5 - 19

图 5 - 20

图 5 - 21

图 5 - 22

图 5 - 23

图 5 - 24

图 5 - 25

图 5 - 26

在树立民俗（或民族）意识时，装潢设计者应该注意以下两方面：

（1）要了解所设计产品的地域特色、民俗文化、代表一个民族的图腾或吉祥物以及民间文学中的显著特点等，这对设计是很有帮助的。作为地域特色，如河南的少林寺、桂林的山水；作为民族文化，如中国的耍龙灯、舞狮子；作为图腾或吉祥物，如"中华龙"与"雄狮"；作为民间文学的显著特点，如"七仙女"、"白蛇传"、"织女牛郎"、"玩杂技"、"看村戏"。作为民俗与民族化的标志，在实际设计工作中要巧妙地加以运用。

（2）在运用中要注意所设计的产品与其所表达的主题间的内在的关联。也就是说要注意内在的千丝万缕的联系，例如，阿诗玛香烟是根据阿诗玛生产厂家所在地"阿诗玛"的传说而命名的，中华香烟是以北京的天安门为背景而设计的，"茅台"酒是由茅台镇而得名等。

图 5 - 27

第二节　系列化包装设计的特征

在品牌形象策略中，一要以强调品牌的商标或企业的标志为主体，二要强调包装的系列化以突出其品牌化。系列化包装设计的六大统一（牌名统一、商标统一、装潢统一、造型统一、文字统一，色调统一）强化了产品的视觉冲击力。随着社会生产的不断扩大，社会产品越来越丰富，再加上市场竞争的日趋激烈，商品包装在广告宣传方面占据着越来越重要的地位，商品的系列化可以更好地提升人们对商品的关注程度。一组商品中统一形象的反复出现，会使消费者对商品的牌名、商标、形象等产生比较深刻的印象，会使消费者一下子就注意到商品，更重要的是会给消费者留下非常深刻的印象，进而成功地树立起企业的品牌形象。国外的香烟包装，许多都是采用了以品牌的商标或企业的标志为设计的主体，如万宝路、555、希尔顿、摩尔等。系列化包装不仅仅是用一种统一的形式、统一的色调、统一的形象来规范那些造型各异、用途不一而又相互关联的产品，而且还是企业经营理念的视觉延伸，使商品的信息价值有了前所未有的传播力。塑造产品的品牌形象，实际上是对产品的二次投资，它是对产品附加值的提升。图 5 - 28 至图 5 - 32 所示为优秀商业包装的系列化设计。

图 5 - 28

图 5 - 29

图 5 - 30

图 5 - 31

图 5 - 32

系列化包装设计作为当今国际包装设计中一种较为普遍流行的形式,它具有以下三大特点:

(1)格调统一。系列化包装设计包含形态、大小、构图、形象、色彩、商标、品名、技法等八项元素。一般情况下,商标、品名、技法这三项是不能改变的,其余五项至少有一项不变,就可以产生系列化效果,这样就使系列化包装设计的整体格调十分统一,增强了产品之间的关联性。

(2)一个系列的产品数目相对较多。很明显,由于产品采用的是系列化包装设计,那么同一系列产品的数目最少是两个,一般都会多于两个,这样有助于产品的促销。消费者在购买商品的时候,一般一买就是一个系列的商品,因此,系列化包装设计可以增加商品的销售量。

(3)符合美学的"多样统一"原则。系列化包装设计的产品的各个单体有各自的特色和变化,同时,各个单体包装又形成有机的组合,产生整体美效果。系列化包装设计使得种类繁多的商品既有多样的变化美,又有统一的整体美。

第三节　系列化包装设计的原则

统一的形象特征是形成系列化设计的基本条件,但是形象特征过于统一往往无法区分不同商品之间的差别。因此,系列化设计在统一形象特征的基础上,通过局部形象的变化来达到区分不同商品的目的。在系列化设计中,统一的形象特征过多,容易造成整体形象的呆板,变化的形象特征过多,则容易造成整体形象的散乱。常用的处理方法有两种:一种是产品包装的材料、造型、体量变化不一,在这种情况下,图形、色彩、文字、编排等形式要侧重形象特征的共性设计,强调形式的统一;另一种是产品包装的材料、造型、体量完全相同,在这种情况下,图形、色彩、文字、编排等形式就必须在形象特征上进行个性变化设计,强调形式上的差异。图 5-33至图 5-37 所示为优秀的商业包装系列化设计。

图 5-33   图 5-34

图 5-35   图 5-36

图 5-37

在进行系列化包装设计时,要注意以下问题:

(1)统一构想。设计系列包装一定要统一思考,预先确定整体方案:统一商品的共性,在此基础上区别商品的个性。同时,要注意与市场上其他厂商同类商品的系列包装设计拉开距离。

（2）分步制作。系列商品中的单个商品包装可以在整体方案的框架内分别设计制作，特别要强调系列包装设计的整体感，要注意产品形象、品名的设计和色调的把握。完成大部分商品包装设计后即可推向市场，尚未定下来的产品或以后的新产品并入这个系列即可，照此办法设计，以保持系列化的感觉。

第四节 系列化包装设计的形式法则

系列化包装设计的主要对象是同一品牌下的系列产品、成套产品和内容互相有关联的组合产品。首先，系列化包装设计要采用一种统一而又变化的规范化包装设计形式，使不同品种的产品形成一个具有统一形式特征的群体，提高商品形象的视觉冲击力和记忆力，强化视觉识别效果。不同品牌、不同档次、不同类别的产品是不能随意进行系列化设计的，因为产品内容缺乏内在统一的联系。其次，商品包装要传递的基本信息包括生产者、产品、消费对象。生产者在包装上的体现是商标和企业名称；产品在包装上的体现是产品形象和品名；消费对象在包装上的体现是消费者形象和文字说明。

在商品包装主要展销面上，要总是以其中一个信息为主来作为包装设计的切入点。如果生产厂家是大企业或者是著名品牌生产商，包装设计可以定位在生产者，突出商标；如果产品特别漂亮，特别有吸引力，如令人流涎欲滴的美味食品，包装设计可以定位在产品，充分表现产品的动人形象；针对某一消费群体的商品，如销售给年轻女性的化妆品，包装设计可以定位在消费者，展示消费对象的形象。图 5 - 38 至图 5 - 44 所示为国外商业品牌包装设计的系列化陈列与门店设计。

图 5 - 38

图 5 - 39

图 5 - 40

图 5 - 41

图 5 - 42

图 5 - 43

图 5 - 44

在包装设计中,要全面考虑到各种素材之间的关系性,学会运用以往所学到的设计法则去实践设计。如商标、图形、产品形象、产品名称、说明文字、条形码等,都可以看成是点、线、面的抽象的元素。要合理构架形与形之间的和谐关系,注意它们之间的大与小、黑与白、长与短、粗与细、疏与密、空间、比例、色彩的明度、纯度、色相等对比与调和关系,注意视觉上的节奏与韵律,让它们符合形式美的法则。在"平面构成"中将所学到的知识与商品包装设计有机地结合起来是非常有必要的。

第六章　包装设计的发展趋势

第一节　绿色包装设计

　　良好的环保意识才能保持与国际同步,才能迎合人们的回归自然、向往自然、崇尚自然的需要。提到设计人员的环保意识,这是当前市场经济和社会发展大趋势所致,更是站在世界潮流和国际大舞台的前沿所提出的观点。目前,提倡环保,爱护环境,回归自然,崇尚绿色食品是人们越来越迫切的生存需要和追求,特别是西方发达国家的这种要求更为强烈,也更为严格。我们可以经常看到新闻媒体不断地呼吁:"爱护环境,我们只有一个地球。"图 6-1 至图 6-17 所示为用环保材料设计的商业包装。

图 6-1

图 6-2

图 6-3

图 6-4

图 6 - 5

图 6 - 6

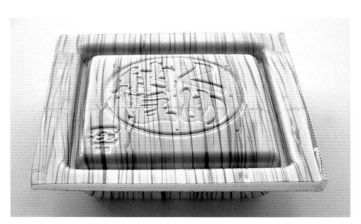

图 6 - 7

图 6 - 8

图 6 - 9

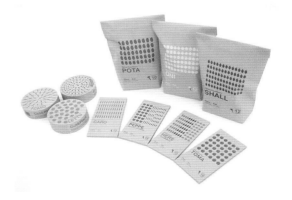

图 6 - 10

图 6 - 11

图 6 - 12

图 6 - 13

图 6 - 14

图 6 - 15

图 6 - 16

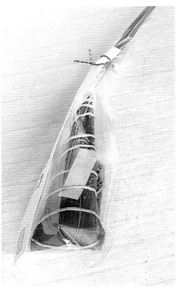

图 6 - 17

包装装潢设计人员更应有责任和义务肩负这个职责,形成这种意识,自觉地维护环保,并体现在实际行动上。具体做法有以下四方面:

(1)尽量地选择易于分解的材料作为包装物的载体,对难于分解的材料,如一些塑料用品,高难度降解的材料,能不用则不用,能少用则少用。

(2)倡导绿色食品,并为绿色食品鸣锣开道。配合绿色食品,选用"绿色"包装,设计"绿色"包装,这种"绿色"一是回归自然,二是不污染环境。

(3)在设计包装的载体中,一旦或暂时必须选用有些难以降解的塑料用品时,一定别忘记注明"爱护环境卫生"等文字及其"标识"。

(4)提倡科学创新,切忌思想保守。尤其是在设计包装和选择包装材料时,尽可能趋向自然,如用玉米叶包装茶叶,用棕叶包装大米,用竹筒包装酒水,用陶罐包装酱菜等,都是很典范的绿色包装。

以上这些绿色的包装,将是包装设计今后发展的总趋向,也将是人们明智的选择,所以包装装潢设计人员,理当是环保保护的先行官,要走在时代潮流的前边,率先树立这种意识,不断地为此开拓新的、更广阔的路子。

第二节　文化性与商业性的包装设计

包装与招贴画是企业文化的一部分。既然是企业文化,其中的文化味就一定要体现出来。倘若没了文化味,这种包装和招贴画就是一个没有精神灵魂的躯壳,一个有形无神的僵尸,这样的作品是没有任何意义的败笔,自然起不到想要表达的文化内涵。可以这样说,不管是中国的还是外国的,不管是历史的还是现代的,凡是被人们推崇的包装或是招贴画,都是以健康的、积极向上的、丰富的文化内涵而取得成功的。如双汇王中王火腿肠的包装和招贴画,特意设计了一个稚拙可爱、威而不惧的小雄狮,并以此作为这种产品形象的吉祥物,事实上这是一种文化的传达。该产品出现在的消费市场上,一下子吸引了不少消费者的目光。所以说装潢设计人员必须要具有一些文化意识,具体可从以下五方面做起:①平时坚持多读些书,尤其是多读些文学方面、史学方面的书,培养自己扎实的文化功底。②多研究他人的设计,看人家是怎样把文化和包装(招贴)载体溶为一体的,并且达到很高雅的水平。③对所要从事的设计对象,一定要有个全面了解,了解其生产背景,文化诉求点以及它的消费者(或读者)对象,有针对性地加入文化含量。④要注意文化内容的积极向上,要被广大人们所喜闻乐见,切忌不健康的、低级下流的、庸俗不堪的内容出现在设计中。⑤要注意不要抄袭别人已经表现了的内容,如果必须这样,就要在形式上和内容中加以改变,千万不要全盘照搬。总之,文化也需要以全新的面貌出现,要形成个人独特的文化语言,力求高雅而又不同凡响。图 6 – 18 至图 6 – 38 所示为国内外优秀的商业包装设计。

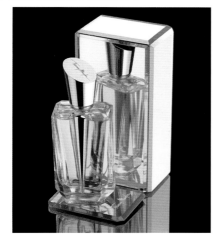

图 6 – 18

图 6 – 19

图 6 – 20

图 6 – 21

图 6 - 22

图 6 - 23

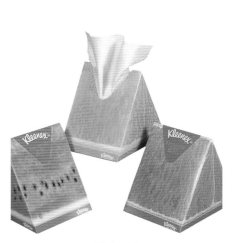

图 6 - 24

图 6 - 25

图 6 - 26

图 6 - 27

图 6 - 28

图 6 - 29

图 6 - 30

图 6 - 31

图 6 - 32

图 6 - 33

图 6 - 34

图 6 - 35

图 6 - 36

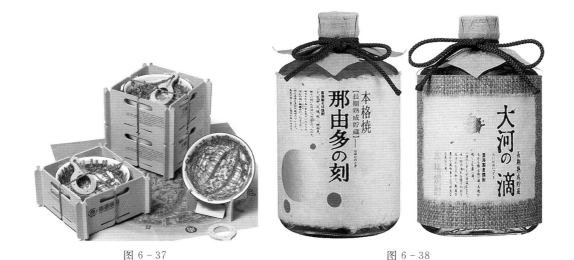

图 6-37　　　　　　　　　　　　　　　　　图 6-38

第三节　包装设计的超前意识性

　　超前意识非常重要。超前意识永远年轻,永远都充满着生机,永远是市场的领导者。作为包装装潢设计人员,其所设计的作品是服务于市场的,所以必须要有超前意识。只有有了超前意识,才能使所设计的产品包装伴随着产品走在时代的前列。图 6-39 至图 6-54 所示为商业包装设计中超前设计意识的表现。

图 6-39　　　　　　　　　　　　　　　　　图 6-40

图 6 - 41

图 6 - 42

图 6 - 43

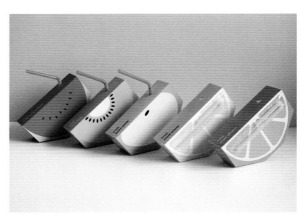

图 6 - 44

图 6 - 45

图 6 - 46

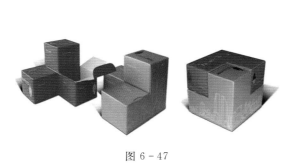

图 6 - 47

图 6 - 48

图 6 - 49

图 6 - 50

图 6 - 51

图 6 - 52

图 6 - 53

图 6 - 54

1.在市场比较中创新

创新是非常困难的事,关在屋中闭门造车是谈不上创新的。设计人员只有走出去,走到社会上,走进市场中,多观察商品和商品的包装,将它们进行比较,发现其中新颖独创的东西和与众不同的地方。通过多观察和比较,启发自己的创作灵感,挖掘自己的想象空间中会不会有比其更新的东西,从而提升自己的创作水平和创新水平。有关创新的方法除上述以外,还可以考虑如何在现有产品或包装的基础上改进和改变自己的设想。对自己的设想,还应多假设些新的方案,然后从中确立自己认为较为"独到"并且有新意的方案。

2.创新贵在多想

所谓多想,首先是要敢想和经常想。敢想别人没想到的东西,敢走别人没走过的道路。这种敢想就是对自己所从事的装潢设计,在构思创作方面多出些思路,多想些方案,甚至有时候要异想天开。此外,要经常研究所从事行业的现状和新变化,要在这种新变化的基础上继续创新,使其再提高到一个新水平。如在企业形象建设方面,五粮液酒厂以酒瓶作造型,其设计思路独特,形象壮观,给人留下深刻的印象。

第四节 创意概念包装设计的发展

概念设计是艺术发展进程中受意识形态中的概念艺术影响所形成的设计模式。随着人们的思想意识和科学技术的发展,受概念艺术影响的设计不断地被各个领域所引用,其思想原动力、形式和内容以创新和领先的方式推动其在各个领域中的研究和应用,并取得了积极的作用。概念包装设计作为一种最丰富、最深刻、最前卫、最代表科技发展和设计水平的包装设计方式,其表现丰富。它可从功能、储运、展示、销售、结构、材料、工艺、装饰等方面,进行研究、试验、表现;它需要就涉及的相关内容广泛深入地挖掘现状,以及根据需要的目标主题,有据可依地进行设计,提炼出概念主题,进行深入开发,使得设计有相当的深度,表现出当今最具前沿的设计思想和设计水平;它也需要符合科技发展的水平,为设计带来相关技术课题,从而推动相关行业共同发展。概念包装设计的价值在于对发展中的、前沿性的市场提出有把握性和操作性的设计理念,改变商品的使用方式和人们的生活方式,从而引导人们的生活消费。这种让设计具有社会性的意义成为最大的课题,并能展现当代设计人的责任。

概念包装是以创新为本位,以试验为基础,以未来需要为导向的设计学科。因此,无论是在理论上,还是在实践中,设计师都应把概念包装设计作为一种设计形态来对待。在当前社会中,设计理论的研究已不仅是一门学科的深入剖析,而应是多种学科交叉的统观。把概念包装设计活动作为一种设计体系来看待,也就不仅是简单的新奇的设计形式的满足和能刺激感官的设计花样所能代表的,概念其中的内涵是现代设计师在进行概念设计时必须掌握的。

概念包装设计提出的主题就是要突破以往的设计观念,提出新的设计思路,做出既出乎意料、又在情理之中的设计方案。概念的提出将主导着设计的发展方向,这是设计的核心所在。概念主题可尝试在时空概念、性能概念、形态概念、抽象概念、节庆概念、生态概念等方面引发创造性思维,使设计目标具有深度和广度,特别是能符合文化内涵、艺术形式、技术手段的需要。包装以概念设计的形式出现时,总是为包装的改革发展与未来需要作准备,而不是一味求新求奇。结构的设计与以往不同,不像装置艺术那样为结构形态而出现,它是为保护、使用作准备;材料的使用,不像绿色设计是以简洁环保为目的,它要传达的也许是文化的特征;形态的出现不一定像构成设计那样严格,或许它是借助形态抒发情感。总之,概念包装要有前卫的精神,要引领材料的开发,要适应使用的需求,要满足审美求新的视觉要求,要在设计领域真正发挥创造的功效。图 6-55 至图 6-61 所示为新概念、新材料处理的包装设计。

图 6-55

图 6-56

图 6-57

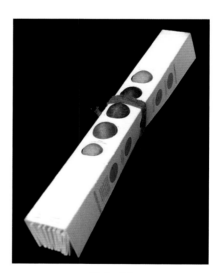

图 6-58

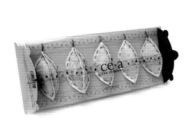

图 6-59

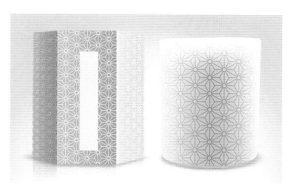

图 6-60

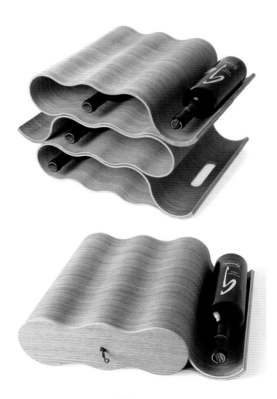

图 6-61

参考文献

[1]柳林,彭立.包装装潢设计[M].武汉:武汉大学出版社,2003.

[2]范凯熹.包装设计[M].上海:上海画报出版社,2006.

[3]陈磊.走进包装设计的世界[M].北京:中国轻工业出版社,2002.

[4]宋宝峰.包装容器结构设计与制造[M].北京:印刷工业出版社,1997.

[5]何昭燕.包装与销售[M].台北:国井文化事业有限公司,1983.

[6]朱国勤,吴飞飞.包装设计[M].上海:上海人民美术出版社,2002.

[7]吴建军.印刷媒体设计[M].北京:中国建筑工业出版社,1990.

[8]柳林.民族化包装设计[M].武汉:湖北美术出版社,2004.

[9]胡潇.民间艺术的文化寻绎[M].长沙:湖南美术出版社,1994.

[10]柳林.包装装潢设计[M].武汉:华中科技大学出版社,2007.

[11]林庚利.包装设计[M].北京:中国青年出版社,2013.

[12]张鹏.包装设计 [M].北京:印刷工业出版社,2011.

艺术设计类专业"十三五"实践创新系列规划教材

> **基础类**

 （1）设计概论

 （2）设计简史

 （3）设计素描

 （4）设计色彩

 （5）设计速写

 （6）设计构成

 （7）摄影（摄像）基础

 （8）创意思维训练

 （9）设计市场营销

> **设计类**

 （1）展示设计

 （2）产品设计

 （3）家具设计

 （4）照明设计

 （5）陈设设计

 （6）室内设计

 （7）景观设计

 （8）动画设计

 （9）标志设计

 （10）图案设计

 （11）字体设计

 （12）包装设计

 （13）立体构成

 （14）广告设计

 （15）版式设计

 （16）招贴设计

 （17）书籍设计

 （18）CI 设计

> **技法类**

 （1）室内效果图手绘表现技法

 （2）设计制图

 （3）产品设计手绘表现技法

 （4）网页制作

 （5）多媒体技术与应用

 （6）广告设计创意表现

 （7）产品设计材料与工艺

 （8）服装设计材料与工艺

 （9）POP 手绘表现技法

 （10）包装形态设计

 （11）商业插画表现技法

> **技能类**

 （1）计算机辅助平面设计

 （2）AutoCAD 2012 中文版室内设计

 （3）服装设计 CAD

 （4）3D 效果图绘制

 （5）计算机辅助设计（Coreldraw）

 （6）室内设计工程概预算

 （7）模型制作

 （8）Flash 动画设计制作

 （9）动画剪辑原画设计与制作

 （10）动画制作场景设计与制作

 （11）计算机辅助设计 illustrator

 （12）计算机辅助设计 indesign

 （13）网页设计

欢迎各位老师联系投稿！

 联系人：李逢国

手机：15029259886 办公电话：029－82664840

电子邮件：lifeng198066@126.com 1905020073@qq.com

QQ：1905020073（加为好友时请注明"教材编写"等字样）

图书在版编目(CIP)数据

包装设计/秦杨,黄俊,金保华主编. —西安:西安
交通大学出版社,2015.2
ISBN 978 - 7 - 5605 - 6965 - 9

Ⅰ.①包… Ⅱ.①秦…②黄…③金… Ⅲ.①包装
设计 Ⅳ.①TB482

中国版本图书馆 CIP 数据核字(2014)第 307223 号

书　　名	包装设计	
主　　编	秦　杨　黄　俊　金保华	
责任编辑	李逢国	
责任校对	祝翠华	

出版发行	西安交通大学出版社	
	(西安市兴庆南路 10 号　邮政编码 710049)	
网　　址	http://www.xjtupress.com	
电　　话	(029)82668357　82667874(发行中心)	
	(029)82668315(总编办)	
传　　真	(029)82668280	
印　　刷	陕西思维印务有限公司	

开　　本	787mm×1092mm　1/16	**印张** 7	**字数** 164 千字	
版次印次	2015 年 4 月第 1 版　　2015 年 4 月第 1 次印刷			
书　　号	ISBN 978 - 7 - 5605 - 6965 - 9/TB · 89			
定　　价	36.80 元			

读者购书、书店添货,如发现印装质量问题,请与本社发行中心联系、调换。
订购热线:(029)82665248　(029)82665249
投稿热线:(029)82668133
读者信箱:xj_rwjg@126.com